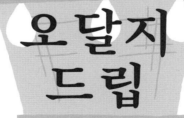

혹시 커피를
좋아하나요? 떠오르는 것이
있으면 들려줄래요? 직접 만들기도 하네요! 그런데
카페에서만큼 맛있지 않다는 건 저 또한 고민이었어요.
이상하게도 커피를 접할수록 유독 핸드드립은 카페에서조차
남기게 되더군요. 카페에서는 꼭 커피를 마시고 싶으면 아메리카노를,
평소엔 특이한 음료나 라떼 종류를 시켜요. 집에서는 만들 수 없어서요.
눈이 딱 떠지는 경험 이후론 문득문득 아른거려 모르는 듯 살 수가
없겠더라고요. 죽어라 팠습니다. 맛있는 커피가 고팠거든요. 저는
자기중심적이라 개인사에 한해서는 단호히 평가합니다. 커피도
그랬어요. 그렇게 여기까지 왔습니다. 아직 갈 길이 멀지만
도움 되는 게 있을지도 모르겠어요. 부담스러우시면 한 귀로
흘려도 좋아요. 언젠가 문득 생각날지도 모르니
바쁘지만 않다면요. 제가 왜 이러느냐면,
당신의 앞에는 늘 맛있는

혹시 그대는
행복한가요? 언제의 즐거웠던 기억을
듣고 싶어요. 와! 제가 기분이 좋습니다! 그런데
힘들고 슬픈 일도 많았다는 건 저 역시 마찬가지었어요.
나이가 들수록 많은 사람을 알지만 만나는 사람은 왠지 이제는
점점 줄어드는 것 같아요. 일로 만나는 사람이 아니고선 가족과 진작에
알던 친구들이 전부에요. 아, 동호회 같은 거 하면 어떨까 싶기도 해요.
아무래도 관심사가 비슷하거나 하면 마음이 더 빨리 통할 것 같고.
문득, 이러나저러나 저 자신이 가장 중요하겠더라고요. 스스로 바꿔지
않으면 과거에 만나고 헤어진 사람처럼 앞으로도 만나고 헤어질 테고
지금 줄어드는 인연처럼 앞으로도 그럴 것이고. 저의 슬픔과
기쁨이 어떻게 들릴지 몰라 주저되지만 공감되는 부분이
조금은 있겠다 싶어요. 저는 확실히 과거보다
행복하거든요. 그 과정을 말씀드리는
건 우리의 미래가 더

커피이길 바라는
두 손 모아
비는

오달지
드립

《차례》

《책머리에》

[상 上]

핸드드립 커피 〈 커피 〈 음료 〈 음식 〈 문화 〈 삶 〈 행복

'좋은' 커피에서 '좋은' 음료의 특성을 찾을 수 있다.
'좋은' 핸드드립 커피에서 '좋은' 문화의 향기가 풍긴다.
'행복'이 없는 삶, 문화, 음식, 음료, 커피, 핸드드립 커피는 '좋은'
것이라 말하기 어렵다.

+   +   +

　나무의 잔뿌리는 굵은 뿌리로 모이고 밑동으로 연결된다. 밑동
은 굵은 가지, 곁가지, 잔가지, 잎, 열매 등으로 분화된다. 커피,
차, 탄산수 등이 음료를 이루는데 담는 잔과 마시는 장소에 따라
다른 음료로 받아들여진다. 대표 메뉴가 상권을 만들고 접근성이
가게의 구성요소가 된다. 이처럼 세상만사가 얽히고설켜 모였다
펼쳐졌다 한다. 어쨌든 '좋은' 것은 '행복'으로 꿰어진다.

+   +   +

사랑하는 이의 맛있는 커피는 더없는 행복이다. 경쟁자의 작품이
라면 고통이다.
사랑하는 이의 맛없는 커피는 짓궂은 장난이다. 경쟁자의 졸작이
라면 쾌감이다.
다투지 않고 서로서로 잘되기를 바라면서 칭찬하고 용서하고 배
우고 나누고 사이좋게 살고 싶다.

+   +   +

사람이 다 같을 수는 없고 내가 누구 같을 수는 있다. 생각 없이 살면 주위에 있는 사람들처럼 살게 된다. 정신 차리고 살면 좋은 사람 곁에서는 화합하며 머물고, 나쁜 사람 곁에서는 나쁘지 않게 멀어지며 좋은 사람을 찾게 된다. 알든 모르든 뜻하든 아니든 우리는 지금도 각자의 마음 씀씀이에 맞게 좋고 나쁜 사람들과 어우러져 살고 있다.

+   +   +

인생사 새옹지마(塞翁之馬)다. 인간관계에서 이익과 손해를 계산하고자 하면 제아무리 칼 같다고 한들 오차가 없을 수 없다. 검증된 계산식을 썼어도 뒷날 재평가한 일이 한둘이 아니다. 그래도 상황과 생각이 바뀌면 그때에 바꾸기로 하고 나는 따져야겠다. 누구처럼 살면 좋을까? 누가 가장 행복한 삶을 살았을까?

[동 東]

善因樂果(선인락과) 惡因苦果(악인고과) : 선한 원인에는 즐거운 결과가 따르고 악한 원인에는 괴로운 결과가 따른다.

順現報(순현보) 順生報(순생보) 順後報(순후보) : 과보는 이생에 받거나 다음 생에 받거나 다음 생 이후에 받는다.
* 피할 수 없다. 예외가 없다. 받는다.

樂果非善(락과비선) 苦果非惡(고과비악) : 즐거운 과보이지 좋은 과보가 아니다. 괴로운 과보이지 나쁜 과보가 아니다.

善卽善(선즉선) 惡卽惡(악즉악) 苦樂無記(고락무기) : 좋은 것은 좋은 것이고 나쁜 것은 나쁜 것이다. 괴로움과 즐거움은 선악에 속하지 않는 중립으로서 다만 그러한 느낌일 뿐이다.

樂果作善(락과작선) 苦果作善(고과작선) 樂果作惡(락과작악) 苦果作惡(고과작악) : 즐거운 과보를 받으면서 언행을 좋게 하고 괴로운 과보를 받으면서 언행을 좋게 한다. 즐거운 과보를 받으면서 언행을 나쁘게 하고 괴로운 과보를 받으면서 언행을 나쁘게 한다.

果生時因滅(과생시인멸) 於此苦樂果(어차고락과) 作善惡因(작선악인) : 과보가 나타나면 그 원인은 소멸된다. 괴롭거나 즐거운 과보를 받을 때 좋거나 나쁜 마음 바탕으로 반응하는 게 그대로 새로운 원인이 된다.

+   +   +

藥(약) : 있어서 할 수 있고 없어서 못 하고, 있어서 도태되고 없어서 분발한다. 있어서 나누고 있어도 착취하고, 없어도 베풀고 없다고 훔친다.

[서 西]

커피의 컵노트(cup note).

잔에 담긴 커피를 요약하는가?
잔에 담았다는 원두를 대변하는가?
잔에 담을 거라는 생두를 소환하는가?

나에게.
너에게.
어떤 의미인가?

[남 南]

 가까이 인연 있는 분들, 속가의 가족과 친척들, 힘든 시기 못난 모습에도 변함없이 나를 지지해 주고 응원해 주신 한 분 한 분께 정성껏 커피를 내려 대접하고 싶다. 바르게 수행하여 속히 높은 정신세계에 이르는 것이야말로 진정한 그들의 바람이자 마땅한 나의 보답이라 생각하면서도 어린 마음에 당장 할 수 있을 것부터 떠올린다.

[북 北]

 경험은 즐거움이나 괴로움이나 무덤덤함이 동반되는 가치 중립의 경험일 뿐이다. 우리는 경험 하나하나에 크든 작든 영향을 받는데 인생의 이론을 배워 삶을 운영하거나 제 딴으로 살거나 하는 건 각자가 선택할 일이다.

 책을 내면서 기대가 반 그리고 걱정도 반이 있다.

 우선은 걱정이다. 이토록 매력적인 핸드드립인데 사람들의 호응이 없을까 봐. 맛 좋은 커피를 감별할 수 있고 만들 수도 있으면 틀림없이 좋을 것 같지만 출중한 능력을 이기적인 방향으로 쓰면 삶은 반드시 불행으로 귀착된다. 단 한 사람에게도 오달지드립이 독약이 되지 않았으면 한다.

 다음은 기대에 기댄 오달지드립의 키워드이다.

#클린컵 #재현성 #해상도 #커핑 #컵노트 #과학적 #에센스추출 #경제성 #효율성 #편의성 #오지고지리고 #슬로우푸드 #건강한 #햄볶 #가정용 #저가장비 #약배전에짱 #강배전도ㅇㅋ #따라할각

[하 下]

여러 카페에 가 보았다. 커피뿐만 아니라 모든 메뉴의 품질이 꾸준히 관리, 개선되는 것이 느껴졌다. 카페들 간의 격차가 줄어들고 있었으며 출중한 실력과 또렷한 콘셉트를 가진 새로운 카페도 보여 업계의 발전이 눈부셨다. 그래서 나의 드립 방법을 조금이라도 빨리 소개해야겠다고 판단했다. 자꾸 미루고 지체하다가는 누군가가 같은 방법을 발견해서 먼저 공개하거나 아니면 따로따로 잘 쓰고 있는 이론들을 단지 포장만 한 꼴이 될 것 같았다.

좋은 방법이 알려지기만 하면 되니 과정은 어떠해도 상관이 없다. 그렇지만 이왕이면 내가 말하고 싶다. 스페셜티 커피를 즐기고 관련된 사람들을 만나면서 알게 모르게 받은 은혜들이 많다. 의도했건 아니건 누군가에게는 피해를 주기도 했을 것이다. 은혜로운 분들에게는 보답을 하고 내 잘못에 아팠을 분들에게는 사과를 드리고 싶다. 나의 마음을 오달지드립으로 전한다.

"저의 이야기가 자극제가 되어 커피 문화에, 나아가 전 국민의 심신 건강에 도움이 되면 좋겠습니다."

[중 中]

문득 이런 생각이 들었다. 가성비를 따질 것 없이 원하는 원두를 마음껏 살 수 있게 책이 많이 팔렸으면 좋겠다고. 참 앙큼하지. 글 쓰는 솜씨가 특출나거나 출판 시기나 내용이 독자의 요구와 맞아 떨어지면 그리될 테니 의도할 게 없다고 생각하면서도, 그러면서도 이대로 내버려 두기는 싫으면서도....

나도 책도 별개로 오달지드립 커피는 사람들이 좋아할 것이다. 오달지드립 방법은 퍼지게 된다. 바로 그대 앞으로, 스페셜티 커피가 있는 세계 곳곳으로.

《들어가며》

2019년 2월 27일. 오달지드립을 책으로 선보이겠다고 작정했다.

2019년 2월 28일. 과거를 들여다보았다. '무슨 말이지?' 싶은 게 많았다. 억지스러운 생각도 여기저기 널브러져 있었다.

29일. 사실 어제는 출판하는 게 망설여졌었다. 전에는 내 글이 그렇게 난해한 줄 몰랐다. 남이 쓴 것도 아닌데 내가 못 알아보겠으니 말 다 했다. 그래도 괜찮다고 다시 마음을 먹었다. 공공의 이익을 위한다면 최소한의 자격은 갖추는 것이라고 생각했다. '용감해지자. 무식하다 인정하면 그만이다. 하는 데까지 하자. 목적이 중요하다. 핸드드립 방법을 소개하자.'

과거와 오늘을 비교하면 어떤가? 발전했는가? 머물렀는가? 퇴보했는가?

평가가 어떠해도 좋다. 문제가 아니다. 방향성을 새기며 내일에, 일주일이고 일 년이고 시간이 지난 뒤에 다시 물어보자.

"나, 어제보다 발전했는가? 머물렀는가? 퇴보했는가? 일주일 전보다… 한 달 전보다… 일 년 전보다… 발전했는가? 머물렀는가? 퇴보했는가?"

　　　말로는 누군들 이루지 못하랴
　　　발로는 양말짝부터 살필지어다
　　　뒷짐 지고 볼 때야 무엇이 난관이리오
　　　네 일 되어 갈 때는 신부터 고쳐 신구려

현실이 말처럼 쉽게쉽게 흘러가면 얼마나 좋을까? 자신의 삶부터 어찌해야 할 텐데 사돈 남 말하는 경우가 참 많다. 혹 열심히 살았지만 문득 제자리인 자신을 발견하기도 한다. 나도 남도 어쩔 수 없다. 당장 제 발밑을 살피지 못하면 무얼 해도 뜻을 이루기 어렵다.

남의 일을 내 일처럼 진지하게 받아들여 남을 더 깊이 헤아리면 좋겠다. 나의 상황일지라도 담담하게 남의 일처럼 대해서 속 좁은 감정이나 편협한 생각에 매몰되지 않았으면 한다.

아파하고 고민하고 분석하고 실천하고 좌절하고 도전하고 발견하고. 그동안 살아온 모습이 같은 기간의 커피와 닮아 있었다. 나는 인격이 덜 닦인 사람이라서 말뿐인 말이 중간중간에 많았다. 이것을 얼마나 그리고 어떻게 담을까 고민이 되었다. 허튼소리도 소화를 시켜서 양분으로 만들 사람이 있을 거라고 믿는다. 하여 부끄러움과 허물은 나의 몫으로 돌리고 쓸 만한 개인사를 뽑아 흙을 털고 잎을 정돈하여 커피와 함께 낸다.

"더 나은 세상을 기대하며 공을 당신께 넘깁니다."

++   +   ++

본문에 표기한 날짜는 종이에 글을 쓴 때와 인터넷에 옮긴 때가 섞여 있습니다. 과거의 일을 오늘의 날짜로 적기도 했습니다. 그래도 시차가 크지 않습니다. 시간의 경과를 가늠하는 용도로 보아 주신다면 무리가 없겠습니다.

널리 챙기지 못해 다른 불편함도 있겠습니다. 걱정이 많습니다. 모두어 양해를 구합니다.

《만남》

커피 시작할 즈음의 나를 먼저 이야기해야겠다.

'죽고 싶다'와 다르게 '의식이 끊어졌으면' 하는 생각에 괴로웠다. 잠을 자는 시간 말고는 의식이 있으니 실로 온종일이 힘들었다. 누가 옥죄는 것도, 삶이 척박한 것도 아니었다. 당최 이유는 알 수 없고, 막연히 마음이 불편하면서 에너지는 메말라가고, 미칠 노릇이었다. '출가 전에는 얼마나 잘 웃고 다녔는지 히죽이라는 말도 들었는데 이렇게 어두운 구름 몰고 다니는 신세가 되다니.' 개그나 영화나 뭐 하나 재미가 없었다.

"나에게는 어떤 잘못이 있을까?"

서른이란 나이가 다 무슨 소용이랴? 상기병이 있어 몸이 피로했고 수행길을 몰라 마음은 외로웠다. 어떻게 살아야 하는지를 원론적으로는 알고 있었다. 하지만 현실은 당장 한 걸음도 뗄 수가 없었으니 어떡하나? 미래가 막혔다. 그보다 앞선 몇 년간, 구름이 꾸준히 두꺼워지던 때에도 초라하게나마 수행을 계속했었다. 유일한 길에 대한 이성적인 판단은 흐려지지 않았으니 돌아가고 싶은 과거가 없었다. 과거는 열리지 않았다. 나는 미래로 가고 싶었다. 구체적이면서 사실로 와닿는 조언을 들으면 숨통이 트일 것 같았다. 누구라도 좋으니 내가 모르는 나를 알려주길 바랐다. '의식이 끊어졌으면... 이것이 무유애(無有愛)인가?' 괴로웠다.

스페셜티커피

15

무의식중에 생각도 안색도 어두워졌다. 가벼운 미소조차 어색한 움직임이 되어버렸다. 그래도 나에게는 휴식처 삼을 것이 하나 있었다. 강원 4년을 동고동락한 도반 스님들을 만날 때였다. 하나가 더 생겼다. 커피였다.

　'꽃, 과일, 사탕같이 향긋하고 달달하다. 까탈스럽고 심술쟁이다. 윽! 쓰고. 떫고. 쌔그럽고. 게다가 종이 필터의 냄새까지.'

　　＋　　　　　　　　　　＋　　　　　　　　　　＋

　2012년 겨울, 해인사 선원에서 도반 같은 커피를 처음 만났다. 당시의 나는 차를 즐겼을 뿐 커피는 마시면 눈이 감길 정도로 피곤해져서 멀리했었다. 하지만 가깝게 지내던 스님이 이따금 핸드드립을 요청하였기에 영 일이 없지도 않았다. 내 커피는 옹골찬 맛이 난다니 내뺄 게 아니었다. 그래서 눈으로 배운 실력에 정성을 입혀 커피를 내리긴 하였다. 나는 잘 먹지도 않으면서.

　한 스님이 지인에게 받았다며 내게 원두를 건네주셨다. 동호회 활동을 하며 볶았다는 정보가 다였다. 100g이 될까 한 작은 봉투에는 손글씨로 '아리차'가 적혀 있었다.

　'분명 원두라고 했는데... 차(tea)를 선물 받았으면서 커피라고 잘못 전했을까? 모르겠다, 뜯어보자. 커피가 맞네! 차(tea)가 아닌지 재차 확인하고 싶었는데. 바보 될 뻔했어.'

안도하며 핸드밀로 원두를 갈았다.

　'오~ 정말 커피라고? 이런 게? 과일 향을 가향했을까? 그렇다

고 하기에는 맛이 편안하고 깔끔한데?'

경내에 있는 찻집을 운영하는 분이 커피 전문가(Q-grader)라고 들은 기억이 떠올랐다. 마침 잘 되었다고 생각하며 조금 남은 원두를 가지고 갔다.

"이것은 '아리차'라고 하는 스페셜티 커피입니다. 생산 국가는 에티오피아인데 지역이나 농장 등의 정보를 커피의 이름으로 쓰기도 해요. '스페셜티'는 커핑이라는 방법으로 점수를 매겨서 80점을 넘는 콩에 붙이는 등급이고요. 이건 제가 맛보기로는 86점 정도 되겠는데요? 좋은 커피입니다."

본인도 계속 공부 중이라고 하셨다. 마침 채점표가 있다며 한글, 영어, 숫자로 가득한 종이를 보여 주셨다. 그리고는 카페에서 쓰는 〈모모스〉의 블렌딩 원두와 개인적으로 추가 주문했다는 케냐를 핸드드립으로 맛보여 주셨다. 뭐가 뭔지가 모르겠지만 '꽤나 매력적이다.'라고 각인되었다.

'스페셜티 커피.'

2019.12.31. 오달지드립

물줄기가 아니라 물방울을 쓴다는 점에서 오달지드립이 탄생하였다. 정확한 생일은 나도 모르겠다. 2018년 4월 하순에, 클린컵을 확보하기가 수월해졌으니 맛의 밸런스를 조절해 보자고 처음 언급한 기록이 있다. 클린컵을 연구한 시간이 길지 않았으므로 당해의 이른 봄날쯤을 생일로 하여 바람이 불어오는 곳에 매화가 보이는 날 촛불을 켜면 되겠다.

+

2013년, 핸드드립 커피에 담기는 필터의 향미가 너무나 싫었다. 고민과 실험을 계속한 끝에 '물이 드리퍼 안에서 더 오래 머무르게 만들어야 한다.'라는 결론을 내렸다. 방울 물을 발견하고선 "유레카!"를 외쳤다가 다른 몇몇 원두에만 적용해 보았음에도 넘어야 할 거대한 산들이 아른거려 입을 닫았다. 떨어지는 물방울 소리를 들으면 커피에 대한 기대감에 심장이 뛰었지만, 커피 맛이 불안정하였기에 걱정을 떨치지 못했고 한 발짝 거리를 유지했다. 물방울과 물줄기를 번갈아 쓰면서 마음이 기울었다.

'오달지드립. 좋았던 어제의 커피처럼 오늘도 똑같이 내렸는데 왜 버리고 싶게 맛이 없는가?'

핸드드립에 대안이 없었다. 커피는 버려도 물방울은 돌봐야 했다. 완벽하다 주장하지만 않으면 된다고, 그러면 부족함이 잘못은 아니라고 응원했다. 다만 채워나가며 오달지드립은 계절의 변화보다 빠르게 성장하다 하얀 입김이 아직인 2019년 2월에 기연을 만났다. 이때부터 꽤 어엿해졌다.

18

사진으로 호평이 자자하고 커피로도 그러한 어른 스님이 계셨다. 손수 로스팅도 하셨고 강배전을 즐기셨다. 한번은 추출이 쉽지 않았던 약배전 콩을 선물로 들고서 찾아뵌 적이 있었다. 능수능란하게 맛있는 커피로 만드시는 모습을 보았고, '취향으로 강배전을 즐길 뿐 다른 것을 모르는 게 아닌' 그분의 내공에 감탄하였다. 이후로는 인사를 드릴 때마다 하나씩 눈으로 배웠는데 꼭 기술적인 면이 아니더라도 어른 스님 특유의 여유를 보고 오면 신기하게도 내 커피가 즉각 더 맛있어졌다.

세뱃돈이 핑계인 자리에서 어른 스님은 덕담과 봉투와 당신이 볶았다는 콜롬비아 원두를 꺼내셨다. 핸드밀에 원두를 담아 우리들 중 한 명에게 넘기신 후 콩을 가는 동안 "음~ 보자~"를 시작으로 "어쨌든 건강해야 한다. 각자가 잘 챙기고~" 하시면서 서버로 쓰는 유리 숙우에 앵무새 설탕을 먼저 몇 개 넣고 다 갈린 원두를 받아 멜리타 드리퍼에 담은 다음 뜸물을 몇 바퀴 두르고 드립포트를 바닥에 잠깐 놓고서 이야기보따리의 매듭을 푼 다음 천천히 진한 커피로 내리기를 마치면 설탕과 섞이게 스테인리스 막대로 저은 후 데워 둔 에스프레소 잔에 나누어 주셨다. '오늘 배운 것 - 여유.' 해마에 기록을 하고 잔을 들었다.

'어디에서도 보지 못한 복합성이 있다. 잘 볶인 향미와 그슬린 불맛이. 약배전의 신맛과 강배전의 쓴맛이. 커머셜의 무난함과 스페셜티의 반짝거림이. 이들이 사방팔방으로 내달리지만 결코 벗어나지는 않는다. 솜씨 좋은 핸드드립으로 정제되었고 설탕을 만나 안정감이 더해졌다.

오, 이것은 총림이다. 잘난 이, 못난 이, 노는 이, 노력하는 이

등등 다양한 이들이 모여 산다는 총림이다. 그토록 제각각이
지만 함께 머물고 있는 우리의 모습이 커피에 비친다.'

무언가 정리되는 게 있었다. 내 방에 와서는 들뜬 마음을 구경꾼
으로 세워두고 곧장 오달지드립을 하였다. 맛이 괜찮았다. 이것으
로써 기초적인 수준의 맛 재현성이 확보되었음을 직감했다. 그리
고 '오달지드립' 이름의 뜻이 확장되었다는 또 하나의 수확이 있
었다.

시작은 이랬다. 물방울로 드립하는 방법이 내가 보기에는 산골
의 굉장히 장래성 있는 아이인 셈이라 미래의 일은 그만두고 우
선 근사한 이름부터 지어야겠다고 생각했다. '방울 물을 쓰니 방
울드립으로 할까? 한 곳에 붓는 이유도 있고 내 이름도 들어가니
원드립은 어떨까?' 몇 가지가 떠올랐는데 글로벌 시대의 느낌을
아는 나는 순우리말이 좋겠다고 단서를 달아 놓았다.

이 이름 저 이름 견주던 어느 날 인터넷 신조어로 여겼던 '오지
다'라는 단어가 순우리말임을 알게 되었다. 사전을 검색하였고 즉
시 채용하였다.

오달지다. ('오지다'와 같은 말)
1. 마음에 흡족하게 흐뭇하다.
2. 허술한 데가 없이 알차다.

① 드리퍼 속 필터에 미분이 오지게 붙어서 댐이 만들어지는데
허술한 데가 없다는 설명 그대로이다. ② 푸어오버의 형태라 원
두를 모두 사용하며, 진동으로 수율을 끌어올리니 효율이 알차다.

③ 커피를 맛보면 흡족하게 흐뭇하다. ④ 발군인 클린컵은 내가 보아도 오지다. ⑤ 약배전 커피가 시지 않고 달달해서 '오~ 달지~'가 되기도 한다. ⑥ 절제미가 있는 차분한 핸드드립을 기대하는 사람에게는 나의 드립하는 모습이 방정맞고 세련되지 못하다고 여겨질 텐데 '오달지다'의 어감이 왠지 촌스러운 것이 여기에 어울린다. ⑦ 이 드립법은 몇 번 보고 이유도 들어야 친숙해지지 처음에는 낯설다. 같은 목적 - 맛있는 커피, 행복 - 을 확인하기 전에는 따라가도 되는 길인지 의심된다. 이처럼 이질적인 분위기를 줄 수 있어 순우리말을 변형시킨 형태가 적절하다.

이 정도의 작명도 참 오진데 부족함이 있었다. '오달지드립에는 내가 알고 내가 할 수 있는 모든 것을 담기로 한다. 커피 맛에 도움이 되는 것은 무엇이든 넣고 아닌 것은 가차 없이 빼기로 한다. 오달지드립에 적용한 추출의 원리를 품는다면 운용하는 겉모습은 다양할 수 있다.'라고 큰 틀을 잡았다. 누구나 따라 할 수 있게 정형화된 방법을 만들고자 했던 생각을 탈피했다.

'오달지드립은 물방울과 진동을 가장 큰 특징으로 하며 고농도이든 저농도이든 고수율이면서 밸런스와 클린컵이 좋은 커피를 만든다. 목적은 우리의 미소다. 할 수 있는 최선의 방법과 노력으로 커피를 대해야 오달지드립이다. 부족한 점을 찾고 개선하기 위해 노력해야 오달지드립이다. 더 나은 방법이 나오면 오달지드립은 소멸의 시기로 접어든다. 그때에는 나도 방법을 바꾸겠다.'

이렇게 생명력을 부여하여 내 손에서 놓아버리니 진정으로 이름과 의미가 흡족하게 느껴졌다. 총림을 맛본 덕분에 오달지드립은 안팎이 더욱 밀밀하게 구축되었고 드디어 봄날을 맞아 세상에 나갈 채비를 마치게 되었다.

어떻게 하는 드립인지 알고 싶은 마음이 들어도 너무 재촉하지 않으면 좋겠다. 무엇 하나 허투루 여기지 않는 게 오달지드립의 정신이다. 각자의 출발점을 찾아야 한다. 무엇이 되었건 상관없다. 자신의 커피에 어떤 문제가 있는지를 말할 수 있어야 한다. 문제가 없다면 문제가 없기 때문이다.

문제를 찾았다면 그것을 해결할 수 있다고 여겨지는 오달지드립의 요소를 선택하여 적용하고 효과를 확인한 뒤 사용 여부를 정하는 과정을 밟는다. 이를테면 드리퍼에 덮개를 씌워 수증기도 뜸들이기에 이용하는데 쓸모없다면 쓸모가 없고 꿀팁이라면 꿀팁이므로 필요한 경우에만 쓰도록 하는 식이다. 체감하는 긍정적인 효과보다 귀찮음이 더 크다는 사람에게는 덮개를 찬탄하지 않는다. 효과가 충분한 다른 뜸들이기 방법이 있을 수 있고 그라인더나 원두에 따라 덮개가 유효하지 않을 수도 있기 때문이다. 오달지드립의 외형적인 모습을 일률적으로 적용하려는 조바심은 정말로 경계하고 싶다. 느긋하게 단계를 밟자.

1회차 주입 시 드리퍼를 들고 떠는 듯 힘주어 흔들어가며 가운데에 물을 부으면 스푼으로 저을 필요가 없게 가루를 고르게 적실 수 있다. 이 효과로 특히 밸런스가 좋아진다. 맛에서 확인될 것이다. 드리퍼에 물을 부었으면 기다리는 동안에 드리퍼든 드리퍼를 받친 서버든 서버를 놓아둔 바닥이든, 어떤 경로로든 원두 입자에 아주 미세한 진동이 전해지도록 계속 두드리면서 추출을 마치고 맛을 보라. 높아지는 수율을 역시 맛으로 알 것이다.

서버에는 최상의 커피가 담겼다 치자. 전용 커피잔이 있으면 좋은데 없으면 어떻게 하겠는가? 혹은 아예 시작부터 원두를 너무 곱거나 굵게 갈았다면? 다른 공간에서 갑자기 커피를 내리게 되었는데 처음 쓰는 그라인더와 무명의 1회분 원두만 있다면?

오달지드립은 이것 아니면 저것을 말하지 않는다. 이것이든 저것이든 지금보다 더 나은 것을 추구한다. 그러니 각자의 여건에서 즐기고 살피다가 드러나는 부족함이 있을 때에 그것을 개선하기로 하자. 사람마다 장단점이 달라서 커피 맛을 낫게 하는 순서도 다르게 함이 자연스럽다. 좋은 물부터 찾을 수가 있고 그라인더를 먼저 갖추기도 한다. 콩을 혹은 핸드드립 기술을 우선시하는 사람도 있겠다. 무엇부터 시작해도 상관없다. 자기 방식에 안주하거나 낯선 환경을 꺼리지 말고 더 나은 것을 탐구하자. 우리 이런 식으로 가까워지기로 하자.

좋아하는 사람, 싫어하는 사람에게 배우면서 발전했다. 부족함을 살피고 고치면서 오늘에 이르렀다. 이러한 나의 지난날이 실로 오달지드립에 담겼다. 오달진 세상을 꿈꾸며 드립법을 쓰려는 이에게 당부한다. 물방울과 진동의 효과를 연구하여 드립법의 반을 익히고, 나머지의 반에 자신의 미소를 담고, 그대의 커피를 마시는 상대의 행복을 들여서 남은 1/4을 채우자. 이렇게 오달지드립을 완성하자.

부족한 한 잔, 나 역시 함께.
오달지드립의 오달진 Dream.

555.5.5. 커피 티백 우리기

〈마리스텔라〉에서 커피 티백을 출시하였다.

"하... 드립 커피나 브리엘-14로 만든 아메리카노보다 많이 맛
있다. 다 접고 티백을 밀어야 하나?"

원두량이 10g이면 물을 200g 이상으로 잡는다. 저울이 없으면
머그잔에 60~80%를 채운다. (자판기 종이컵을 가득 채우면 약
180g이다.) 커피 티백 우리는 방법이 익숙해지면 입맛에 맞게 조
절한다.

머그잔에 뜨거운 물을 담는다. 티백을 가루가 잠길 정도까지만
넣는다. 흔들거나 들었다 놓았다 하지 말고 티백 최하단을 물 표
면에 닿게 한 뒤 젖어 들게 한다는 기분으로 담근다. 티백 높이의
반 정도면 충분할 것이다. 30초가 지나면 물 위로 올린다. 대각선
으로 기울여 티백에 머금어진 커피가 최대한 빠지게 만든다.

여기가 중요하다. **관찰하자.** 티백에서 떨어지는 커피 방울은 아
주 진하다. 이게 머그잔에 담겨 있는 매우 연한 커피에 떨어지면
응집력을 유지하면서 바닥으로 내려간다. 호흡을 정돈하며 머그
잔과 손의 떨림을 최소화하면 담배 연기로 도넛을 만드는 것과
같은 장면을 볼 수 있다.

방울이 뜸해지면 처음처럼 티백을 머그잔에 담근다. 역시 가루
가 잠길 정도까지이다. 처음과 비슷하거나 더 깊이 들어간다. 30
초가 지나면 앞과 같이 들어서 티백의 커피가 빠질 수 있게 한다.

관찰을 하자. 티백에서 떨어지는 커피 방울은 꽤 진하다. 이게 머그잔에 담겨 있는 많이 연한 커피에 떨어지면 이전보다 약해진 응집력을 보이며 바닥으로 내려간다. 다른 모든 걸 멈추면 도넛을 구경할 수 있다.

방울이 뜸해지면 가루가 잠길 정도까지만 티백을 담근다. 30초가 지나면 티백을 들어 커피를 뺀다.

관찰을 하자. 티백에서 떨어지는 커피 방울은 진하다. 이게 머그잔의 연한 커피에 떨어지면 바닥에 닿기 전에 흩어진다.

방울이 뜸해지면 티백을 머그잔에 담근다. 30초, 관찰. 반복.

아래는 티백을 제거하고 커피를 즐길 시간임을 알려주는 현상들이다. 스푼으로 전체를 저은 후 마시면 좋고 아니어도 좋다. **관찰을 하자.**

① 티백의 커피 방울 색깔이 머그잔의 커피와 비슷해졌다. ② 둘은 섞인다기보다 농도가 같아 합쳐진다고 하겠다. ③ 티백의 향기가 꽤 텁텁해졌다. ④ 티백을 담글 때 이전과는 달리 뜬다는 기분이 완전히 사라졌다. 쑥 들어간다.

얼마나 맛있는가 하면, 나는 누구와도 내기에 응할 용의가 있다. 같은 원두를 조건으로 10명에게 블라인드 테이스팅을 하여 내가 티백으로 만든 커피보다 선호도가 좋은 드립 커피나 아메리카노를 만들면 500원을 드리겠다. 5:5가 되어도 내가 진 걸로 하겠다.

2012.5.3. 나귀엽

봄날에 계곡에 가을 낙엽아
부서짐 사라짐 두렵지 않소?

탱글 탱글 연둣빛 잎새
그대는 옛적 그리지 않소?

암갈빛 쭈그르 꺼치른 틈에
푸르른 기억들 겨울잠 들었소.

물 따라 나는 흙으로 가오
데구르며 떠가며 지난날 유람하고
웅덩이에 숨 돌리며 고기 벌레 안부 묻고
졸 쫄 흥얼흥얼 흙으로 간다오.

2012.5.3. 이면지

말수 적고 차분한 사람
말 못하는 따분한 사람

말 많고 수더분한 사람
말 잘하고 재밌는 사람

침착하고 사려 깊은 사람
소심하고 답답한 사람

덜렁대고 생각 없는 사람
대담하고 활발한 사람

칭찬에도 눈물뿐인 사람

비난에도 꿋꿋한 사람

남도 나도 이면이 있지
무어라 불러도 좋다
忍   忍 忍

2012.5.29. 이중성

가려는 미래만을 그렸지 현재는 생각도 못 했거든. 가도 가도 과거와 다름없었는데 '조금만 더 가면 안정되겠지.' 했지. 언제부턴가 삶이 갈라지기 시작한 거야. 모범적이어야 하는 출가자로 살아가는 중생으로. 이리 와. 대화 좀 하자. (BGM. 조성모의 '가시나무'.)

2012.9.2. 투정

팍팍하다. 한가득 웃어본 게 언제였나. 몸이 무너져가 좌절감이 들어. 누구는 내게 우울증이라 말해도 나는 아니니 처방 따윈 생각도 없다. 망상을 걷어내고 걷어내고 걷어내다 보면 문득 '역시 그래. 연기법에서 벗어날 수 없지.'라고 느껴지면서 잠깐 허열이 내려가긴 한다. 잠깐! 왜 계속해서 걷어내지 못하지? 왜 또 처지지? 왜 다시 시작하지 않지?

고통은 나를 외딴 길로 몰지만 괜찮다. 구석에 처박힌 채 웅크려 한바탕 떨고 나면 이 뭔지 모를 힘듦의 원인을 찾으려 하겠지. 오늘 밤에는 불을 끈 채, 별빛도 달빛도 내보내고 스스로에게 물어보아야겠다.

2012.9.20. 문제없음

어떤 사람이 집회에 참여해 밤이 늦도록 생명 존중, 세계 평화를 목 터져라 외친 후 집에 돌아와서 자는데 이웃이 소란스러워 대판 싸웠다지. 아주아주 웃기는 사람. 그와 다를 바 없는 나를 돌아보게 되는 요즘.

2012.10.7. 다행이다

2012년... 만만치가 않아... 우짜든지... 뭘 잘하려도 말고... 꾹 참고... 버티고... 시간을 흘리자... 그래도. 그러자....

2012.10.12. 기우제

코앞에서 단풍을 보겠다고 가야산을 올랐다. 가고 가고 더 가고 정상까지 갔다. 하나같이 퍼석하게 말라가고 있었다. 둘러보니 그새 주변 산들도 무채색으로 덧칠되었다. 가을 가뭄이 심각한 걸 늦게 알아차렸다. 기우 기도를 했다.

"하늘이시여, 가을 단풍이 예쁘게 오래오래 머물도록 지금이라도 비를 내려주소서. 세상이 힘듭니다. 미소가 번지도록 단풍을 가꿔주소서. 지금 간절히 바라는 것은 애니팡 하트가 아니라 비입니다. 비비비! 비요! 비비비비! 비!!!"

2012.10.21. 육하원칙

언제 어디서 내가 누구를 어떻게 왜 만날지 모르는 귀인들. 그래서 그러나보다, 누구에게나 평소에 잘하라고.
계산적이지 않고 싶다. 내면의 번뇌가 밖으로 표나지 않게 단단히 챙겨야겠다.

2012.11.21. 천 리 길도 한 걸음부터

콩 심은 데 물 주고. 팥 심은 데 물 주고.

2013.3.2. 내 발등에 불이 떨어지면? 타겠지

'공부 하나도 안 했는데... 미리 좀 할걸....'

학창 시절, 난데없이 내일이 시험이라는 말에 당황하고 후회하며 깨는 꿈을 최근에만 네댓 번 꾸었다. 나태하게 지냈더니 신장님이 꾸짖는 듯. 갈증이 나고서야 우물을 파지 말라는 가르침이 떠오른다. 다잡은 마음 3초도 못 가기에 여기에 증거를 남긴다.

"나무늘보야! 긴장 타자!"

2013.5.8. 홀로도, 흘러, 더,

심신이 아픈 건 나쁜 짓을 하지 말라는 신호다. 아직 살 만한 건 착한 일도 하고 수행도 하라는 거다.
점점 더 아파지는 건 때때에서 교훈을 얻지 못하고 살던 대로 살아서 그렇다.
변하지 않았는데 고통이 줄어들면 만성병으로 접어드는 것이니 안심하지 말아야 한다. 어쨌든 살 만한 건 착한 일도 수행도 제발

하란 거다.

"염라대왕 앞에서는 달변도 땡깡도 소용없단다." 남에게는 잘도 말하면서 정작 나의 죽음은 망각하고 사는 나는 아직 젊은 사람 이다. 젊다는 건 착한 일도 수행도 얼마든지 할 수 있다는 거다. 얼른! 지금도 동아줄이, 삭아가,　　째깍,　　째깍,　　　, ,　,　,　.　,　,,,,..

2013.8.24. 달

내게 빛이 없다면 빛나는 사람을 보아라
그와 곁이면 내게도 빛이 나리라
배움을 태우면 닮아 태어나리라

2013.8.25. 기다림

내게는 그대가 빛으로 다가왔으나 언제인가 빛인 걸 알았습니다.

그때처럼 그대는 환합니다. 그대에게서 품었던 빛깔로 그대로인 그대를 알아봅니다. 걱정하고 움츠리는 그대여, 나를 보아요. 그 대를 보아요.

1년 365일에 좋고 나쁨이 반반인데 어떻게 매일 사주를 보며 살아가느냔 말입니다. 4가지가 있으면 괜찮답니다.

안녕하세요. ' v '
고맙습니다. '^v^'
미안합니다. ' - '
괜찮습니다. ^_^

120갑자 120년 치 운세 요약 : 배려해가 가모 사주팔자, 운수 까이꺼 다 제끼뿐데이. 해가 딱 뜨모 훤~해지는 거 아이가? 똑같데이. 마 잘 살자!

번역 : 배려하면서 살면 (혹은 '배려해'가 가면) 사주팔자에 나쁜 운수가 있어도 비껴갈 수 있대요. 해가 뜨면 만물이 드러나고 어둠의 공포가 사라집니다. 모두의 삶이 같습니다. 밝게 삽시다.

말로는 누군들 이루지 못하랴
발로는 양말짝부터 살필지어다
뒷짐 지고 볼 때야 무엇이 난관이리오
네 일 되어 갈 때는 신이나 고쳐 신구려

  커피 봉지 끄트머리가 생명을 얻었어요. 다른 분들에겐 소개시키지 않을 겁니다. 칭찬만 들려줄 거예요.

2013.9.12. 淺(얕을 천)

  실천하면서 살아가기란 참으로 어렵다. 일이 생각과 다를 때마다 행동지침과 당위성을 점검해야 한다. 출렁이는 감정을 넘어야 한다. 부족하거나 오류 있는 지식 때문에 안 하니만 못할 때도 있다. 어쨌든 해뿌면 그만이다.

2013.9.24. 물 붓는 횟수 조절

커피 추출의 원리는 농도 차이에서 오는 삼투압 현상이라고 한다. 먼저 부은 물이 드리퍼에서 빠지기를 기다렸다가 다시 물을 붓는 식이면 한 번에 모든 양을 붓는 것보다 진한 커피가 만들어진다. 확인한 사실이다.

위의 두 커피를 비슷한 농도로 희석한다면 어느 정도는 맛이 같아야 한다. 그런데 모르고 먹으면 다른 커피로 생각할 만큼 차이가 크니 추출에는 삼투압 말고도 수많은 원리가 작용함을 알겠다. 커피의 고수가 맞다면 설령 기괴하게 핸드드립을 하더라도 합당한 어떤 이유가 있어서일 것이다.

'뜸들이기를 빼고 총 3회로 나누어 물을 붓되 3:5:2나 5:3:2로 추출량을 조절한다. 무슨 이유로 비율을 바꾸며 과연 체감될 정도로 맛이 차이가 날까?' 신맛, 단맛, 쓴맛은 추출되는 시간대가 다르므로 분할 추출로 인해 맛이 달라질 수 있음은 당연하다고 하겠다. 이를 감안하여 신맛이 좋은 원두는 5:3:2로, 단맛을 원하면 3:5:2로, 깔끔하게 마시고 싶으면 7:3으로, 취향에 따라 얼마든지 나눌 수 있겠다. 한 번에 모든 양을 추출하는 것도 물론 가능하다. 다만 챙겨야 할 사항이 있으니 아래와 같다.

1. 총 추출 시간은 3분 이내.
2. 분할 추출 시 전반부의 추출량을 많게 하기.
3. 2분 30초가 지나서는 물을 붓지 말기. 과다 추출이 돼 잡미의
   위험이 커짐.

2013.9.24. 필터 린싱

커피에서 매운맛이 났다. 혀가 따갑기까지 했다. 요 며칠 사이에 더 심해졌다. 처음에는 커피 본래의 맛이겠거니 했다. 원두 종류를 바꿔보았고, 다른 물을 써보았고, 전기 포트도 플라스틱에서 유리로 바꿔보았는데 마찬가지였다.

기어코 찾아내었다. 가루를 담기 전 종이 필터에 물을 흘리는 필터 린싱이 원인이었다. 등잔 밑이 어둡다더니.

커피에 섞여 나오는 종이 냄새를 없애고 싶었다. 그래서 필터 상단부터 하단까지에 끓인 물을 골고루 넉넉히 부어두고, 원두를 갈고, 재차 필터 전체를 헹구고, 물기가 빠지기를 기다려 가루를 담고 드립을 했었다. 이게 향 대신 맛에 관한 필터 성분을 녹여 낸 꼴이었다니. 이제 필터 린싱은 하지 않으려다.

2013.9.24. 뜸들이기 실패 후

뜸물이 드리퍼에 머물지 않고 주르륵 서버로 흘러버렸다. 커피 빵은 거의 없고 가루만 질퍽해졌다. '신선한 원두가 아니었기에 더 민감히 다루어야 했는데....'

지금 같은 상태에서 1회차 주입 물을 다소곳이 부으면 물이 가루 위로 쌓이면서 드리퍼 벽면으로 흐를 테다. 그러니 하던 대로 해서는 될 게 아니었다. 견고한 표면을 뚫고 들어가게끔 강한 물줄기로 부었다. 표면이 열렸다. 가스가 올라오면서 꾸룩꾸룩 했다.

 '변수가 생기면 변수로써 맞대응하자. 과거에 묶여 과거를 탓
해봐야 무슨 소용이 있나?'

 2013.9.26. 응?

 '커피에서 종이 필터 맛이 난다고?'

 여러 정황에서 틀림없는 심증을 확보했지만 확증이 필요했다.
'그러면 맛을 봐야지.' 하며 필터 씻은 물을 따로 받아서 입 앞에
가져다 대었다. 한 방울도 마실 엄두가 안 났다. '이건 향기라 부
를 수 없는, 으아, 냄새야, 냄새!'

 핸드드립을 부드럽고도 정교하게 할 수 있는 내공이 얼마나 있
어야 필터로 인한 매운맛도 제어할 수 있을까? 드립 포트의 물
을 필터에 바로 닿게 붓지 말아야 한다는 수칙을 딴에는 철저하
게 지키고 있는데 커피에는 매운맛이 여전하다. 그러니 가루 위에
부었음에도 가루를 외면하고 곧장 필터에 가 닿는 경우가 없다고
어떻게 장담할까?

 '드립 방법에 원인이 있다. 틀림없다.' 문제를 해결하고 싶은데
실마리를 찾기가 쉽지 않다. 물줄기가 굵으면 매운맛이 나고 가늘
면 과다 추출이 된다. 과다 추출 없이 매운맛을 없애야 한다. 원두
를 적게 쓸수록 핸드드립이 어렵다고들 하는데 초보인 내가 10~

12g 사용을 고집하고 있으니 무모한 면이 있는 도전이긴 하다.

〈원두10g〉에서였다. 카페의 이름처럼 원두를 10g만 사용했다. 칼리타 드리퍼에 담아 푸어오버로 드립했다.

'푸어오버라니!'

이 충격적인 방법은 일본의 한 장인이 고안했다고. 물줄기의 힘으로 드리퍼 안의 가루를 위로 아래로 빙글빙글 돌게 하면서 추출을 마치면 드리퍼 벽면은 가루가 붙어서 댐처럼 되는 게 특징이었다. 물을 시원하게 부어도 필터에 직접 닿지 않게 할 수 있다는 것이 요점으로 보였다. 깔끔한 맛으로써 납득이 되었다.

지금 나에게는 필터 맛 해결이 난관인데 〈원두10g〉을 보면 원두 사용량은 문제의 핵심 원인이 아니다. 심지어 저 커피는 맛도 좋았으니 내 커피의 문제는 정말로 드립 방법 외에는 없다. 원론적인 입장에서 생각해 보면 나는 커피 추출의 원리를 모르니까 필터 맛을 해결한다고 해도 언제든지 다른 문제로 고민이 깊어질 수 있겠다. 아예 기준을 잡아두어야겠다.

'원두도 구입처도 바꾸었다. 그래도 커피에서 불편한 향이나 맛이 반복된다. 그러면 100% 추출 환경의 영향이다.'

한번은 내리는 커피마다 이상한 향이 나기에 원인을 추적했고 전기 포트가 오래되어 내부 플라스틱 구조물에서 냄새가 났음을 밝혀낸 적이 있다. 물부터 좋지 않은데 그 물로 추출한 커피야 말할 것이 있나. 불편한 건 다 잡아낼 거다.

2013.9.26. 추출 시간에 따른 맛의 변화 실험

[실험]

뜸들이기 이후 30초 간격으로 커피를 모았다. 원두는 12g, 물줄기는 쫄쫄쫄 흐르게, 구간별로 30ml 정도 되었다.

1. 첫 30초(30"~1'00")에는 진하면서 부드러운 에센스가 나왔다.
2. 1'00"~1'30"에는 앞과 같이 부드럽지만 뭔가 단단한 게 더해졌다.
3. 1'30"~2'00"에는 쓴맛이 깔려있으면서 여러 맛들이 느껴졌다. 적당히 연해서 농도가 맛보기에 알맞다고 생각되었다. 앞의 두 구간보다 질감이 거칠었다.
4. 2'00"~2'30"에는 쓴맛이 지배적인데 부정적이고 날카로웠다.
5. 2'30" 이후로는 좋지 않았다.

[결론]

같은 조건으로 실험을 네 번 하였다. 결과에 편차가 있었지만 유의미하지는 않았다. 구간별로 맛의 특징이 뚜렷했다. 비유가 떠올랐다.

1. 초반부의 커피는 아주 진하고 부드러운 에센스이다. 단독으로 마시기에는 풍부함이 부족하다. 차(茶)처럼 연하게 마신다면 나쁘지는 않겠다.
⇒ 단색 물감만으로 채색함. 또는 음식 자체.

2. 중반부의 커피는 다소 연해진 에센스이다. 에센스에 껍질이 생기는 듯하다.
⇒ 채색한 그림에 테두리선을 그어 경계를 또렷이 함. 음식을 그릇에 담음.

3. 후반부로 가면 쓴맛의 비율이 점차 높아진다. 커피에 질감이 더해진다.
⇒ 명암을 표현하거나 중요한 부분을 더욱 강조함. 담음새와 그릇의 배열을 정돈함.

외출을 준비하는 이미지도 그려졌다. '1. 외출의 목적과 장소를 생각해서 2. 옷을 고르고 3. 액세서리로 포인트를 준다.'

추출이 어설펐고 다른 원두의 경우를 확인하지 못했으니 저걸 추출되는 커피 맛의 흐름이라고 하면 억지겠다. 그래도 일관성이 보이는 만큼 핸드드립에 당장 반영하기로 하고 예외의 경우는 차차 알아가면 되겠다.

후반부 추출은 양날의 검을 다루는 듯하다. 자리 잡는다는 생각이 들게 맛에 안정감을 더하면서 해당 커피의 특징을 완성하는 반면 쓴맛이 지배적으로 나오는 지점을 넘어서면 과다 추출의 날카로움에 혀를 점령당하게 된다. 잘 모르면 에센스 추출이 중간은 하는 방편이 되겠다.

2013.9.26. 모른다고 괜찮지도, 괜찮다고 몰라도. ('x')

1. 실험에는 좋은 원두를 사용하라.

　소 뒷걸음질 치다 쥐 잡는다는 말이 있다. 커피가 원래 이렇쥐를 잡으려면 바탕이 훌륭한 원두를 써야 한다. 곰손이라도 괜찮다. 사람들의 후기를 살피자. 발로 내리면 맛있다는 원두를 찾자. 자기가 내린, 레벨이 다른 커피를 한 번이라도 경험을 해야 자기 탓을 하기가 수월해진다. 안정적인 수준에 도달하지 못한 실력이면 언제까지고 덜 건강한 커피를 마시든가 버리든가 해야 하므로 실험을 어서 끝내는 게 좋다.

　'산새들 날갯짓에 꽃망울 떨어지듯 하필 나를 만나 피지 못할 원두가 측은하다.' 심호흡을 하며 길게 보자. 돈이 아까워도 실험에는 좋은 원두를 써야 한다. 평생 마실 커피라면 하루라도 빨리 실력을 키워 미래에 구매할 원두의 효율을 높이는 게 낫다. 누적됨을 생각하자. 실력이 안 된다는 이유로 소극적이다가는 가랑비에 익사하는 수가 있다. 스콜성 폭우로 시원하게 맞자.

2. 자기 돈으로 직접 구입하라.

대가를 치러야 진지함이 달라진다. '맛없게 추출되면 어쩌지?' 어쩌긴 뭘 어째? 배우고 버리는 거지. 수업료다. 눈물 나게 아깝거든 일련의 드립 과정을 기록해서 같은 실험을 반복하지 않도록 하자. 실험 한 번 한 번이 소중하면 집중하게 되고 인과관계를 잘 파악하게 된다.

한편 원두를 고르는 과정에 덤이 생기기도 한다. 품질과 가성비를 따지기 위해 업체의 설명과 후기를 검색하면서 개인적인 노하우까지 폭넓은 정보를 얻을 수 있고, 설명만 보고도 콩의 수준을 가늠할 수 있게 안목이 좋아진다. 문득 커피 전반에 대한 이해가 깊어지면서 덩달아 드립 실력이 발전하는 신기한 경우도 있다.

3. 나누어주면 감사히 넙죽 받자.

나누어줄 때에는 맛있게 먹으라는 뜻보다 커피와 더욱 친해지라는 마음이 더 크지 않을까? 간단하게라도 후기를 전한다면 노력하는 나를 가상히 여겨 조언을 해줄 수도 있겠다.

\+   +   +

익숙하지 않은 환경이면 소심해져서 호기심도 억누르는 나를 본다. 대인기피증 끼가 곁들여진 이런 모습은 반성할 여지가 많다. 과감하지만 겸손하게, 무모하지만 귀엽게, 고개 숙이지만 당당하게 나의 일을 하자. 새로운 길에 적극 도전하자. 성공을 위해서라면 실패는 거쳐도 된다. 당연한 과정이다. 황당해도 괜찮다. 다 괜찮다.

2013.9.27. 〈원두10g〉 멕시코 알투라

저번에 〈원두 10g〉에 갔을 때 신기한 드립 장면을 깜빡임도 없이 두 눈에 담았다. 돌아와서 드립 세트를 펼쳤다. 끔뻑끔뻑만 하였다. 눈썰미가 꽝인 나는 건조했던 안구가 촉촉해져서 다행이라고 생각했다. 어서 다시 가서 보고 싶었다.

자책할 게 뻔한 자기 평가는 건너뛰고, 기억을 최대한 떠올리며 실험을 했다. 하여 도저히 생각이 나지 않고 다른 방법을 궁리할 수도 없는 세부적인 장면들이 만들어졌다. 마침내 전문가의 시연을 봐야 할 때가 된 것이다. 놀러 오겠다는 (도가 높은) 도반 스님의 연락이 있어서 잘 받들어야 한다는 책임감에 (내가 가고 싶은) 카페를 권하기로 했다.

이번에는 눈에 불을 켰다. 필터에 가루가 이렇게 고르게 붙어야 잘 된 드립이라고. 도반 스님도 커피가 달달하니 맛있다며 좋아했다. 성공적.

다녀와서 따라 해보았다. [칼리타, 12g, 88도, 150ml]. 초반의 추출 부족을 만회하려 드립 막바지에 물줄기를 굵게 한 게 그만 손잡이 쪽의 댐을 무너뜨려 버렸다.

그래도 커피는 맛있었다. 가벼운 신맛에서 코코아로 넘어가고 쓴맛으로 마무리되는. 단맛이 전체를 아우르고 있었다. 굳이 따지자면 '신:쓴:단 = 2:3:5' 정도였다. '다음에는 수온을 높여봐?'

+   +   +

"보송한 솜사탕 두 팔 뻗어 받고 엄마한테 뛰어가다 푹 넘어져 흙 - 흙 - 우는 아이야, 괜찮니? 대신 이거 먹을래?"

알투라를 건넨다. 부드럽고 달콤해 따뜻한 커피를.

추신) 픽션입니다. 성장하는 아이에게 커피는 카페인 때문에 좋지 않다고 합니다. 맛의 이미지대로 따뜻함을 그리고 싶은데 적절한 비유가 떠오르지 않아 유감입니다.

2013.9.29. 천천히 가자. 차근히

커피는 참 예민한 놈이다. 나보다 더하다. 원두와 추출 방법과 감정을 챙겨서 잔에 모셔야 한다.

'아~ 참 맛있다!' 감탄이 절로 나왔던 커피를 도통 재현할 수 없었다. 궁금했다. 한 잔의 커피에는 어떤 요소들이 압축되어 있으며 어떤 영향을 주고받았을까 탐구하고 싶은 마음이 샘솟았다. "이러이러하게 드립하면 된다."라는 말은 겉모양이다. 나는 그 원리, 알맹이가 궁금하니까 좋았던 커피를 어렵지 않게 다시 만들어 낼 수 있기 전에는 아무리 많은 이론을 알게 되어도 허전함을 느낄 것이다.

자세를 잡고서 계획한 실험을 시작했는데 이내 허둥대었다. 뜸물을 부을 때부터 마음의 갈등이 시작되었다. 드립하는 내내 주체할 수 없었다. '마시기 위해 평소처럼 드립할 것인가? 실험을 위

해 의심났던 부분을 연출할 것인가?'

+

투명하니 물이요 어두워 커피라면
내 마음 심연인데 향기는 어디 갔나

+

1. 일일 적정 복용량이 있다. 원두 40g 이하이다.
2. 소심하게 실험한다. 원두가 아깝다는 생각을 못 떨치겠다.
3. 싼 원두를 알아보았다. 좋은 걱정인지, 기우인지, 무엇인지가
   많아 구매까지는 이어지지 않았다. 되새겼다. 맛이 풍부한 원두
   라야 작은 변수에도 반응하므로 나의 목적에 알맞다. (가격은
   안 맞다.)
4. 실험의 계획과 과정과 평가를 기록해야 한다. 머릿속 지우개는
   오작동이 많다. (똑 닮은 연필 친구도 있다.)

+   +   +

　결정 장애가 붙은 나의 태도는 원한 맺음이 적은 반면 우유부단
함이 단점이다. 내가 좋아하는 분위기이면 쉽게 휩쓸리기도 하고,
눈치 없는 고집이 있어 공간을 싸하게 만들기도 한다. 나도 안다.
아직 극복하기 전이다. 고의가 아니니까 핸드드립에도 고스란히
묻어났다. 밖에는 가을비가 내린다. 차분한 마음으로 실험 계획을
짜야겠다. 커피도 나도 해봐야지.

<u>2013.10.1. 〈가비양〉의 예가체프</u>

[칼리타, 91도, 15g, 100ml 추출 후 150ml로 희석]

　잘 익은 청포도가 이럴까? 향긋하고 달달한 과일이 느껴진다. 우리나라 과일의 단맛은 아니다. 깊이보다는 폭이 좋은 단맛이다. 혀 위에 부드럽고 매끈한 포도알이 있는 것 같다. 더하여 폭이 좁고 무게감 있는 신맛이 바닥에 깔려 커피를 단조롭지 않게 한다.

　이 한 잔, 향미가 다양하지는 않지만 착한 가격과 초보의 드립을 감안하면 아주 훌륭하다. after taste(후미)를 말하자면 10점 만점이다. 격려를 받는 듯 든든해지는 느낌이 무척이나 좋다. 주눅 드는 때에 홀짝이고 싶다는 생각이 든다.

+

꿈을 좇아서

　봄, 바람 온기 따라 길로 나아가. 온, 바람 따라가는 길. . . .

+   +   +

+

2013.10.2. 핑계는 담지 말아야지

사람들은 말한다. 커피의 품질에 있어서 생두:로스팅:추출 기여도가 5:3:2 또는 6:3:1이라고.

"원두가 좋으면 어떻게 내려도 맛있다. 추출의 몫은 많아 봐야 20%이니까."라는 말을 어떻게 생각하는가? 동의하는가? 순진한 시절에 나는 믿었다. 다른 생각이 없었다.

양심 반 재미 반에 '야매당'이란 이름을 지어 달고 선원에 공용으로 있는 도구들로 대접한 커피를 다들 맛있다고 했었다. 이제 개인용 드립 세트를 갖추었으니 한층 분위기가 살아 산뜻한 마음으로 커피를 내렸는데 왜 요상한 까만 물이 나오나 몰랐다. 충격에 몇 날을 몸서리치다 굼벵이가 되었다. '알겠다! 드립 포트를 잡을 게 아니라 설거지를 배울 단계다!'

원두 보관, 추출 시간, 수온 확인.... 대체 제대로 하는 게 하나도 없었다. 그러면 어째서 전에는 호평을 받았는가? [원두는 20g이 넘게 많이, 물 온도는 90도가 안 되게 낮게, 추출 시간은 3분 안으로 짧게]. 의도한 바 아니었지만 이랬다. 과거의 막드립을 떠올리며 지금 가지고 있는 계량 스푼과 아날로그 온도계, 시계로 잰 수치이다. 맛없지 않은 커피였다 하겠다.

냉철한 이성을 발동시키자. 생두:로스팅:추출=5:3:2를 헤집어보자.

1. 생두의 기여도는 50점?

맞다. 생두는 50점만큼 중요하다. 최하는 0점이다.

2. 로스팅의 기여도는 30점?

맞다. 30점이다. 최하는 0점이다? 아니야! 나는 -50점이라고 단언한다. 로스팅의 기여도 점수는 -50점에서 +30점이다. 생두를 홀라당 태워먹으면 -50점을 주어야 합당하지 않겠는가? 되돌릴 수 없게 정말로 까매진 콩에 0점을 매긴다면 청록빛 생두와 동급이란 말인가? 누가 고개를 끄덕일까?

3. 추출의 기여도는 20점?

이제 계산이 쉽겠다. 최하 -80점에서 최고 +20점이다. 드립을 하되 갈지 않은 콩을 그대로 담거나, 한 방울만 추출하거나, 끓는 물을 10분 동안 붓거나 하는 온갖 기이한 상황이 있을 수 있지 않나? 고로 최상의 원두를 거하게 망치면 -80점이다. 근사하게 가꾸면 +20점이다.

'한 잔의 커피를 내 손으로 완성한다.'

좋은 원두만 찾고 있을 게 아니다. 추출에 관한 지식을 쌓아야 한다. 실전에서 변수의 영향력을 관찰해야 한다. 80점 원두를 -10점 드립하여 70점짜리 커피를 마시느니 더 저렴한 60점 원두에 +10점 드립하는 게 낫고말고. 정리되었다. 끝.

'핸드드립. 부정적인 물질(-)을 억제하는 동시에 긍정적인 물질(+)을 늘려야 한다. 원두를 고르는 것도 실력이다. 내가 내린 커피에 핑계는 담지 말자.'

555.5.5. 오답지는 맞춤 드립

[숫자 크기 = 폰체 굵기]   [숫자 간격 = 원두 조직 밀도, 유효 성분 함유 비율]

[*** = 물의 양]   [( ) = 물 주임]   [~~ = 진동의 세기, 빈도]

'우중 후반부로 갈수록 점점 진동을 약하게 해야 하는데 하나씩 구조가 여러가지기 때문이다.' '베이크드에 1이 없는 건 정상 원두의 1에 해당하는 맛이 사라졌기 때문이다.' '등등 뇌피셜을 주려 시각화하였다. 에센스 주출을 전체로 하였다. 만약 '어떤 이론을 바탕으로 로스팅 로스팅 유행에 따른 드립법을 전개했느지'에 관심을 갖는다면 부어오버에도 적용할 수 있을 것이다.

다음 쪽의 이미지를 참고하되 수율과 밸런스를 파악하며 점차 미세 조정의 영역으로 가야 한다. 경험은 실력의 자양분이다. 맛있고 맛없는 경우에서 각각의 특징을 관찰하고 이유를 밝혀야 한다. 자자의 오류까지도 잡아내야 한다. '무산소 표로세싱은 0에서 5까지를 0.5 단위로 나누고 여기에서 필요한 수율을 다 뽑는다. 유효 성분이 줄반에 몰려나온다. 병목현상을 조심해야 한다.'를 검증해 주시길.

물결 꼬리(~~)가 긴 것은 커피 방울을 한 방울이라도 더 받으면 좋아서이다. 강배전만 '~'이 '9' 앞에서 끝나는 건 귀찮으면 진동을 싹 빼도 된다는 뜻이며, 베이크드는 볶음도에 따라 다르다. 인더 디벨롭은 왜 '5'를 넘으면 물을 붓지 말라고 하면서 진동은 유지하길 권할까? 눈으로 구서을 찾으려 하기보다 다름을 인지하고 실험하자.

(언더 디벨롭)　　0　1　2　3　4　5　6789
　　　　　　　(**)　　(**)　　　　(*)

(베이크드)　　　0　2　4　6　7　8　9
　　　　　　　(**)　(*)　　(*)　　　(*)

(약배전)　　　0　1　2　3　4　5　6789
　　　　　　　(**)　(**)　　(**)　　　(**)

(중배전)　　　0　1　2　3　4　5　6　7　8　9
　　　　　　　(**)　(**)　(**)　　(**)　(*)

(강배전)　　　0　1　2　3　4　5　6　7　8　9
　　　　　　　(*)　(*)　(*)　(*)　(*)　(*)　(*)

2013.10.3. 틀림과 다름은 다름

인터넷에 있는 순서에 따라 커핑을 진행하겠다. 원두는 〈가비양〉의 에티오피아 예가체프와 브라질 다테하 피베리이다. 칼리타 KH-3 핸드밀로 12g씩 갈아서 평소에 쓰고 있는 200ml들이 잔에 담는다.

분쇄한 가루의 향을 맡는다. 몇 번이고 번갈아 가며 맡는다. 두 잔이 비슷하게 견과류의 거친 향이 지나가고 은은한 향이 올라온다. 예가체프는 달달한 과일 향이 좋은데 〈가비양〉 홈페이지의 정보를 참고하면 머스캣에 가깝다고 하겠다. 다테하는 쭈욱 아몬드 같은 견과류의 향이 지배적이다. 촉촉한 예가체프와 대비된다.

92도의 물을 부어놓고 잔 가까이 몸을 숙여 향을 맡는다. 아... 잘 모르겠다. 가루일 때보다 강도가 약하고 뭉개져 있다.

4분이 되었다. 잔에 떠 있는 가루 덩어리를 숟가락 뒷면으로 깨면서 향을 맡는데 역시 모르겠다. 부유물을 걷어내고 10분 정도 커피가 식도록 기다린다. 본격적으로 맛을 본다.

커핑 전용 숟가락이 없어서 아쉽다. 밥숟가락은 특유의 쇠 냄새가 나서 찻숟가락으로 바꾸었는데 너무 작다. 당장에는 방법이 없으니 아쉬운 대로 써야지. 서너 작은 숟갈이면 한 큰 술과 마찬가지라고 생각해야지.

예가체프는 청포도의 단맛과 향이 일품이다. 꽃향기처럼 싱그럽다. 오렌지의 신맛이 있고 레몬의 신맛도 언뜻 비친다. 혀에서 어떤 알갱이가 톡 터지며 입 안이 화사해지는데 향미 성분을 가진 기름으로 추측해 본다. 이 느낌, 매력적이다. 정말로 혀 위에서 톡 터졌다.

커핑의 말미에 이르러 숟가락 대신 잔을 든다. 조심스레 기울여 커피를 입에 문다. 오렌지와 청포도. 인상적이다.

다테하를 맛보면 혀끝에서 가볍고 맑고 밝은 신맛이 살짝 걸린다. 이 조용한 신맛의 정체를 도무지 모르겠다. 오렌지보다 가볍고 레몬보다는 달콤하고. 천혜향도 생각나고 레몬 물도 떠오른다. 기어코 알아내겠다고 더욱 집중을 한다. 마지막 한 모금을 이리저리 돌리니 정체가 드러난다. 감귤의 신맛이다. 단맛이 기가 막히게 어우러져 있어 미각이 둔한 내가 고전했다. 더하여 아몬드가루를 뿌린 것처럼 또렷하다. 잘 말라서 경쾌한 기분이 든다.

커핑 점수는?
무얼 기준으로 점수를 매길지 몰라 포기. 맛있으니까 점수고 뭐고 그냥 넘어가자고 슬쩍 고개를 내민 생각을 잽싸게 잡아챈 나를 보면 만족도는 10점을 주어야겠다. 커피를 평가할 때 깨끗함과 선명함을 가장 중요하게 여기는데 커피는 깨끗했고 맛과 향도 선명했다.

여담이다. 나에게는 원두를 재구입할지 말지를 정하는 탄력 없는 선이 있다. 향미는 단순해도 괜찮다. 가격만큼이면 된다. 선명함과 깨끗함이 자체 커트라인에 못 미치면 가성비고 희소성이고 볼 것 없이 무조건 탈락시킨다.

드립으로 맛보았던 커피를 커핑과 비교해 본다.

예가체프의 경우 청포도와 오렌지를 끌어내긴 하였으나 둘의 연결이 자연스럽지 못했다. 특히 산미가 깔끔하지 않았고 경직된 느낌이 들었다. 다테하는 땅콩버터의 고소함이 느껴졌지만 감귤의 매혹적인 산미가 없었다. 잘 마른 아몬드도 개성이 덜해 그저 고소하다고만 말할 수준이었다. 칼리타 드리퍼로는 좀 나았지만 고노 드리퍼는 아무래도 물 조절이 어설펐는지 종이 필터 냄새가 더 났다. (다테하에 고노는 비추천이란다. 뒤늦게 〈가비양〉 홈페이지의 안내문을 보았다. 버린 커피를 보상받는 기분이 들었다.)
+

좋은 시간이었다. 드립 커피에 있는 향미 일부가 커핑에서 감지되지 않을 수도 있다는 것과 커핑으로써 원두의 특징을 선명하게 보았다는 것과 내 핸드드립에 원두가 표현되고 있다는 것에 재미와 자신감을 얻었다. 커핑과 핸드드립, 맛의 차이가 틀림이 아니라 다름이 될 때까지 처음 접하는 원두는 커핑을 해야겠다. 남이 보기에 얼토당토않은 과정과 실력이어도 괜찮겠다. 드립 커피의 기준점이 될 정보를 얻을 수만 있다면.

2013.10.5. 열려라 참깨

이제야 〈커피라디오〉의 케냐 Bradegate AA를 커핑했다. 여태 핸드드립으로만 맛을 보았지. 어땠었냐면, 요 녀석은 신맛이 아주 강했다. 레몬도 있었고 오렌지의 속껍질처럼 쌉쌀한 맛도 많았다.

추석에 에어로프레스와 같이 샀던 〈엘카페〉의 케냐 기츄카AA와 비슷한 맛이다마는, 이번에는 잘못 추출한 것이었드악ㅜ.,ㅜ
+

〈델라카사〉에서 보았다.

에티오피아 원두 20g을 가늘게 갈아서 칼리타 드리퍼에 담고 테이블 바닥에 던지듯 툭툭 충격을 주어 입자끼리 밀착되게 만든 후 서버에 올리고 뜸물 붓기를 시작하였다. 추출할 때에는 자리 잡힌 가루 덩어리가 파이지 않게 가만히 물을 부었다. 맑은 물이 위쪽에 층이 진 상태에서 아래의 가루로 스며들며 커피가 추출되었다. 교반 현상을 최소화하는 방법이었다. 처음 보는 형태 자체는 대수로울 것 없으나 도무지 갖다 붙일 추출 이론을 알지 못해 신선한 혼란에 빠졌다. 맛이 강한데 거부감이 들지 않았고, 진한 단맛이 적나라하게 꿀이었고, 교반이 없어서인지 깔끔했다.

'영감님이 오셨다!' 처소로 돌아오자마자 게이트를 열었다. 핸드밀의 분쇄도를 평소보다 한 눈금 가늘게 바꾸었고 신맛의 압박을 염려해 수온을 88도로 내렸다. 이전과 같은 불편한 자극이 없고, 쓴맛 계열과 캐러멜이 특히 도드라지고, 잡미가 약간 섞였고, 신맛이 조금이나마 오렌지가 되었다.

다음 날이었다. 신맛을 살리고 잡미는 줄이자며 멜리타 드리퍼로, 90도의 물로, 2분 안으로, 2회 분할로 추출하였다. 마냥 좋은 맛이 났다.

오늘 아침에 한 번 더 멜리타로, 〈커피라디오〉 홈페이지를 보고 단맛이 중요하다 판단하여 중반부 추출에 신경 썼다. 캐러멜과 오

렌지의 달고 신 조화가 있었다. 나중에는 한약 느낌도 났다. '이제 되었구나. 커핑을 하자.'

 마음에 들지 않는 드립한 커피에 꽂혀 위와 같이 연구하는 시간이 길었다. 고새 200g짜리 봉지가 홀쭉해졌다. 즐길 만하니 바닥나기 직전이다. 커핑 이야기는 언제 나올는지 주절주절 분잡해도 분쇄도를 바꾼 것이 내 핸드드립에 지대한 영향을 주었기에 기념하지 않을 수 없다.

+

 커핑 이야기를 하자. 요 강렬한 원두에 기죽지 않을 짝꿍을 붙였다. 〈가비양〉의 케냐 마사이님 되시겠다. 밥숟가락은 냄새가 거슬려서 아예 티스푼으로 바꾸었다. (커핑은 어렵지 않아요~ 그냥 하면 돼요~.)

[Fragrance]
마사이 : 검붉은색+진갈색의 향기. 뭔가 사연이 있을 것 같은 분
　　　　위기가 난다.
게이트 : 푸른색+연한 갈색의 향기. 마냥 즐겁게 뛰노는 것 같다.

[Wet Aroma]
물을 부은 뒤에 맡는 향기는 후각이 둔한 관계로 도통 모르겠다.
4분이 지나길 기다린다.

[뜨거울 때, 첫 느낌]
마사이 : 쓰다....... 뭐지? 왜?
게이트 : 청포도의 향기와 뒤따르는 은은한 오렌지.

[뜨끈할 때]

마사이 : 감귤류의 가벼운 신맛이 우아하다. 이어서 혀 안쪽으로
견과류의 질감이 느껴진다.

게이트 : 맛 좋은 오렌지이다. 이번에는 오렌지가 먼저고 청포도
가 혀끝에 걸린다.

[차차 식어가며]

마사이 : 아까의 감귤류가 레몬으로 변해간다. 식을수록 견과류가
도드라지는데 묵직한 느낌이 땅콩에 가깝다. 호두 같기도
한데 일단 땅콩으로 하자. 완전히 식었다. 마지막으로 컵
을 들고 사알 기울여 한 모금 양을 머금는다. 맛있다. 땅
콩 여운이 길다.

게이트 : 오렌지와 청포도가 앞서거니 뒤서거니 한다. 오렌지 맛
이 꾸준하게 유지되면서 청포도나 쓴맛과의 조합에 따라
미묘하게 변한다. 마사이처럼 한 모금 마신다. 캐러멜 향
이 돈다. 마사이의 영향인지 땅콩 캐러멜이 떠오른다.

[정리]

마사이 : 감귤류의 은은한 신맛이 먼저 나와서 관심을 끈 다음 땅
콩의 고소함으로 넘어갔다. 땅콩의 질감이 가루라고 느껴
질 정도로 인상적이었다. 향긋한 어떤 것이 잠깐 나왔는
데 무엇인지 몰라 답답했다. 땅콩이 주연이고 감귤은 조
연이었다. 〈가비양〉의 브라질 다테하 피베리가 감귤과
견과류로 비슷했으니 서로 짝지어 커핑하면 볼만하겠다.

게이트 : 봄의 발랄함이 이렇지 않을까? 연두와 밝은 노랑의 색감
에 생기가 돌았다. 오렌지가 주연을 맡았고 상대역은 청
포도였다. 청포도가 오렌지를 들었다 났다 하는 것이 마

치 청춘의 사랑 같았다. (핸드드립 커피는 오렌지와 청포
도가 주연을, 캐러멜이 주연급 조연을 맡았다. 캐러멜의
등장으로 청포도가 주연 아닌 것 같은 상황이 되었으니
삼각관계?)

2013.10.6. 〈커피라디오〉 케냐 bradegate AA

[15g, 88도, 뜸 50초, 총 2'30", 100ml 추출 후 210ml로 희석.]

 묵직한 질감의 조금 탄 듯한 똥과자(=쪽자=뽑기=설탕 과자=띠
기≒달고나)가 있다. 어제의 발랄함과는 딴판이다. 뜻하지 않은
과다 추출이지만 맛에 분위기가 있다.
 +   +   +

변화. 두려움과 설레임의 공존

어쩌면 떠나고 싶어 그런지도 모르겠다
설사 긴장되고 피로해져도 가끔은
낯선 환경이 반가울 때가 있다
울타리 친 삶인데 강제를 핑계로 넘어가

본다

생명은
죽을 때까지는 살아지기에
공간을 개척하며 더 큰 풍요를 기대한다

그럼에도 나도 모르는 어느 순간에, 그저, 살만한,정도에,자리,그
대로,울타리를,더욱,튼실하게,하는,데,몰두한다,,,,,,,,,,,,,,,,,,,,,,,,,,

'밖을 막되 역으로 내가 갇히는 줄 알았을까?'
'쪽문은커녕 여기 창 하나 마음 여유가 없다 .'
'삶의 담벼락에 원치 않는 낙서들로 상처받아.'
"본능적으로 방어하는 작업인지 모르겠다   ."

낯섦이 반갑다.

틀리기를	밝고 산뜻한 분위기	묵직하고 풍부한 분위기
분쇄	굵게	물 빠짐이 정체되지 않을 만큼 가늘게
원두량	평소보다 많이	많을 필요는 없고
추출 시간	맛과 향이 너무 단순하지 않은 정도에서 짧게	과다 추출의 잡미나 날카로운 쓴맛이 허용되는 범위에서 길게
분할 비율	초중반 추출량 많게	중후반 추출량 많게
수온	산미의 분위기를 보아가며 높게	산미가 빛을 잃지 않게 낮게
참고	과일 같은 산미를 깔끔하게 표현	잡미를 경계해야

어제와 오늘의 커피를 바탕으로 '같은 원두, 다른 분위기'를 낼 방법을 표로 만들어 보았다. 이 정리가 두루 적용될지 모를 일이나 크게 벗어나지만 않는다면, 정말로 그럴듯하다면, 지금보다 나은(이라 쓰고 비싼으로 읽는) 그라인더를 하나 장만해야만 한다. 부끄러워져도 괜찮으니까 틀리기를.

<u>2013.10.6. ㅇㅇ? ㅇㅈ!</u>

〈가비양〉의 원두와 함께하는 커핑. 셋을 즐기면서 평가해 보자. 시간의 흐름대로 쓴다.

[예가체프]

 역시 청포도의 향이 좋다. 잘 익은 감귤류도 있다. 신맛과 단맛의 균형이 매력적이다. 지난번에는 몰랐던 견과류가 혀 안쪽을 간질이는데 종류를 특정할 만큼 선명하지는 않다. 쓴맛이 느껴진다. 귤 속껍질 같은 쓴맛이다. 이런 맛을 '씹다'라고 불렀는데 사투리인가? '시다+쓰다=씹다?' 그럴듯하다. 향미가 다양하다는 건 알겠는데 나누지는 못하겠다. 미각이 더 예민해져야겠다.

[모카하라]

 첫 느낌은 짠맛이 있는 메주다. 잘 숙성된 치즈라 해도 무난하겠지만 우린 한국인이니까, 메주다! 인도네시아 몬순 말라바 커피의 기억이 소환되는 그런 발효된 느낌이다. 산미는 레몬이다. 메주에 뿌린 레몬. 동서양의 조화랄까? 가끔 꽃향기도 느껴진다. 풍부하다! 미루어보건대 내가 감지하지 못하는 제법 많은 맛이 있겠다.

 향이 워낙 독특해서 다른 컵보다 관심이 많이 간다. 섬세한 향기는 평생 맡지 못할 거라고 체념한 비강이 웬일인지 열렸다. 화이트 초콜릿 향이 온전히 느껴진다. 닫혔다. 메주와 화이트 초콜릿이라... 내 감각을 믿긴 믿어야... 난감하다.

[다테하 피베리]

 (비 온 뒤에 수확한 감귤인 듯 여리게 시고 달았다. 잠깐 비추고

떠난 하품 감귤이 맑디맑은 느낌에 그리워진다.)

아몬드의 고소함은 단연 최고다. 오늘은 다크 초콜릿의 쓴맛도 느껴진다. 전반적으로 컵노트가 희미하더니 식어가며 한 타임 밍밍한 맛을 보인다. 핸드드립에서는 이 부분이 어떻게 그려질지 지켜보는 재미가 있겠다.

[끝내며]
1시간 30분이 소요되었다.

오늘은 몸 상태가 별로라서 맛과 향을 감지하는 수준이 떨어지겠다고, 시작할 때 마음의 준비를 했었다. 그런데 기록한 내용을 보면 양적으로는 분명 발전이 있다. 예가체프에서 견과류를 느낀 것이나, 쓴맛도 여러 종류가 있음을 구분한 것이나, 향미를 콕콕 집어내지는 못해도 풍부한 커피를 알아볼 수는 있겠다 싶은 것은 내가 보기에도 놀랍다.

핸드드립 커피는 진해서 맛이 잘 느껴진다고 생각했다. 커핑은 상대적으로 성분이 덜 추출된다고 여겼다. 아주 경솔했다. 숙제를 받았다.

'진한 것에 길든 혀다. 원두와 물 등 기본 바탕이 같은데 얼마나 다를까 보냐. 연해도 예민하게 파악할 수 있어야 하지 않겠는가?'

2013.10.7. 에어로프레스 레시피

캐나다 〈Transcend〉의 코스타리카 La Joya - La Loma. KH-3 핸드밀이 빡빡하게 돌아가는, 매우 약하게 볶인 콩이다. 오랜만에 에어로프레스를 꺼냈고, 저녁이니 연하게 먹기로 했다.

[93도인 뜸물을 12g의 가루가 모두 잠기게 붓고 1분간 대기. 눈금 4까지 물을 추가하고 20초 동안 몸체를 돌리기. 40초가 지난 뒤 살살 눌러서 추출함.]

돌리기! 오늘의 포인트! 부드럽게 빙글빙글 돌려주었다. 왜냐? 스틱으로 젓기가 귀찮았으니까. 누를 때는 원두량이 적어서인지 저항이 약했다. 최소한의 힘을 유지했고 총 3분 30초가 걸렸다. '아, 시계를 못 본 사이 1분 30초나 누르고 있었구나. 계획보다 30초를 지나쳤다. 하지만 상관없지. 즉흥적인 방법이었지만 나름의 원리를 가지고 추출하였으니 실시간 수정안을 반영했다고 하자.' 체임버 안에는 꼭지가 완만한 원뿔로 가루가 남았다. 플런저를 누를 때 이를 발견하고선 멈췄던 까닭에 모양이 온전했다.

추출 시간이 길었기에 과다 추출과 잡미를 심히 걱정하였으나 전혀 괜찮았다. 오히려 처음인 산미가 나왔는데 연해서 낯선 걸까 몇 번을 살피고 한 번을 더 음미해 보았어도 알기 어려웠다. 제공받은 컵노트를 보았다. '사과산의 약한 산미'였다.

"어라... 레몬, 오렌지, 감귤은 아는데 사과산이라...."

가볍고 산뜻한 것이 ~~컵노트를 봤기~~ 때문일까 아주 정직하게 사과였다. 풋사과처럼 떫떠름하지도 않았고, 얼음골 사과처럼 당도가 높지도 않았고, 비 많았던 사과처럼 밍밍하지도 않았다. 다테하 피베리가 떠오르는 아몬드도 느껴졌다. 모두 컵노트 그대로인데 캐러멜은 보이지 않으니 내일의 커피에서 확인하기로 했다. '사과산의 상쾌함에 아몬드의 고소함이 곁들여진 커피.' 좋은 원두가 운 좋은 레시피로 조리되었다.

"플런저를 돌렸더니 굵은 입자가 외부에 쌓였다... 추출 시간이 길었고... 걱정한 과다 추출과는 딴판인 결과물... 예상과 실제의 차이는 실력의 척도... 잡미가 없다... 늦게라도 이유를 추적할 수 없는 건... 몰라서. 단발성이라는 말... 그렇군! 이 커피, 다시 만들지 못할 맛이다."

2013.10.8. 처음과 달라졌잖아

'원두의 장단점을 파악한다. 이를 바탕으로 핸드드립을 계획하고 실행한다. 서로 비교한다. 핸드드립을 연구한다.'

커핑을 하려는 이유였다. 원두를 있는 그대로 파악할 수 있으면 좋겠다는 생각이 출발점이었다.

CoE나 SCAA의 커핑 양식으로 평가를 하면 더할 나위 없겠지만 문턱이 너무 높으면 그러지 않아도 되겠다. 목적에 맞게 나름의 방법을 궁리하자. 자신감을 갖고 맛을 보자.

2013.10.8. 내맘대로 커핑

　캐나다 〈Transcend〉의 원두 3종. 어제 도착한 9월의 빈스박스이다. 커핑에 대한 인식을 바꾸고 가뿐한 마음으로 시작한다.

==

[케냐 군구루AB]
농장 : 케냐 Nyeri, Tekangu의 농부 조합
품종 : SL28, SL34, 케냐 수세식
고도 : 1700m 이상

[코스타리카 라 조야 - 라 로마]
농장 : 코스타리카 La Joya - La Loma, 에드윈 알바라도와 가족
품종 : Caturra, Fully Washed
고도 : 1750m

[코스타리카 테라 벨라]
농장 : 코스타리카 Terra Bella, Carlos Batalla
품종 : Sarchi Villa, 수세 가공 후 파티오, 아프리칸 베드 건조
고도 : 1800m

==

[방법]
　블라인드 테이스팅을 하자. 어제 낮에는 케냐를, 저녁에는 라 조야를 먹어보았기 때문에 다 맞출 자신이 있다. 야바위를 위해 잔을 뒤집어 ①, ②, ③을 적는다. 잔의 용량이 200ml니까 원두를 12g씩 계량하여 담고 위치를 섞는다. 홈 어드밴티지를 적용해 드

64

립과 같은 91도의 물을 쓰기로 한다.

[Fragrance]
1. 묵직한 고소함. 촉촉. 꽃향기.
2. 가벼운 고소함. 칼칼함. 건조함.
3. 진득한 고소함. 버터. 아몬드.

[Wet Aroma]
1. 과일. 복합적인 향. 진한 초콜릿 향.
2. 잘 모르겠다. 가벼운 느낌.
3. 아몬드.

[Flavor]
1. 반사되어 번쩍이는 빛 같은 신맛. (이런 설명은 참…. 그래도 떠오른 그대로 적어야겠지.) 감귤. 청포도. 오렌지.
2. 레몬. 다크 초콜릿. 오렌지. 잘 익은 감귤류. 매운. 드라이.
3. 사과. 아몬드. 레몬. 오일리. 농축된 오렌지 과즙.

[Brightness]
1. 덜 익은 오렌지. 떫은+신+쓴. 처음에는 좋았던 신맛인데 식을수록 별로임.
2. 다양하게 전개되는 풍부한 신맛. 부드럽고 밀도 있는 바디감.
3. 앞의 두 컵에 비해 월등히 약한 산미. 짭조름함. 오렌지 같은 과즙이 한 번씩 톡 터짐. 맑은 바디.

[정답지 제출]
1. 테라 벨라.

2. 라 조야에서 케냐로 정정.

3. 케냐에서 라 조야로 정정.

[정답]

1. 케냐.

2. 테라 벨라.

3. 라 조야.

[핵심]

．

．

．

  글 쓸 기분이 아니지만. 뭐, 초보가 그렇지. 가볍게 생각하자. 부끄러울 것 없다! 뽐낼 것만 뽑아서 기록을 남기는 식이면 커핑도 대충하고 말 거잖아?

[총평]

  커핑을 할 때 세 컵의 특징이 뒤죽박죽되는 경험을 하였다. 라 조야를 맞추었으나 사실 찍기에 가까웠고, 드립에서 느꼈던 케냐의 버터는 온데간데없이 오히려 테라 벨라에서 약하게 감지되었다. '케냐는 버터다!' 하고선 버터만 찾았는데. 버터는 버러지. 버러지 된 기분이지. 뒤죽박죽 코박죽. 태정태세 문 닫세.

[끄]---[을]

[핸드드립 계획]

1. 케냐 : 식은 컵에 실망이 남았어도 결코 없어 보이는 녀석이 아니다. 다양한 향미를 기대할 수 있는 동시에 과다 추출의 단점

이 크므로 드립에서는 94도의 뜨거운 물로 초반 추출량을 많게 하자.

2. 테라 벨라 : 맛의 스펙트럼이 가장 넓었다. 추출 시간을 길게 잡아서 풍부함을 최대한 끌어내 보자.

3. 라 조야 - 라 로마 : 화이트 와인이 이렇지 않을까? 가볍게 즐기면 좋을 간결하고 산뜻한 맛이다. 어제 에어로프레스로 먹은 게 정답이겠다. 맑고 깨끗한 느낌에 경쟁력이 있다.

2013.10.8. 커핑을 마치고

참―재 미 있 다――간사한――줄 다 리 가 게―임

혀는 "이것이 맞다." 하고 뇌는 "미심쩍다." 하고.
뇌는 지정하며 "찾아내라!" 하고 혀는 "그게 어딨냐?" 묻고.

주관에 자신감을 붙이면 객관이 된다. 객관도 주관이 된다. 정신 줄을 놓으면 휩쓸린다.

열정을 높이 사기에 다 용서받을 수 있는 초보인데 머릿속은 왜 그리도 복잡한지.

커핑이 정리해 줄 것으로 믿는다. 믿음을 현실로 만들 것이다. 공유할 수 있는 수준, 독선에 빠지지 않을 정도를 원한다.

나에게도 남에게도 억지 부리지 않아.

2013.10.9. 〈Transcend〉 케냐 군~구루AB

[칼리타, 15g, 94도, 2'10", 130ml 추출 → 200ml로 희석]

12g의 원두로 100ml의 커피를 뽑아 150ml로 희석하는 게 본래의 계획이었다. 그런데 생각 없이 원두를 15g 담은 것 같아 추출하는 도중에 계획을 정정하여 30ml를 더 뽑았다. 서버에서 드리퍼를 분리하면서 또옥 또옥 떨어지는 커피가 너무 묽다 싶더니 그때 떠올랐다. '아차, 12g이 맞았지!' 커핑에서 계획한 대로 초반부의 추출량을 늘리려고 했었는데 어그러졌다. [ ] 안에 있는 15g을 12g으로 정정해야 하는데 15g을 쓴 것처럼 추출한 건 맞으니까 15g으로 적어두는 게 옳은 듯한데 그럼 실제로 쓰인 12g이... 혼란스....

아무튼 맛을 보았다. 중간 정도의 산미와 뒤늦게 얼굴을 내미는 청포도와 건포도와 은근한 바닐라와 식으면서 느껴지는 코코아 등에 커피가 괜찮았다.

구체적으로는 이러했다. 과일에 직결되지 않는 산미라 아쉬웠고, 커핑에서의 강렬했던 청포도가 다행인지 불행인지 나오기는 나왔고, 건포도라고는 했지만 건블루베리 비스무리하였고, 결정적으로 너무 많은 쓴맛이 커피 전체를 어정쩡하게 만들었다. 커핑에서 식었을 때 느껴진 고놈이었다. 오렌지의 허연 껍질!

마침 실제 건포도를 가지고 있었다. 커피의 건포도와 비교해 보고자 꺼내서 한 알 깨물었다. '잘 모르겠다.' 두 알 먹고 한 줌 먹고, "건포도를 사야겠다."

2013.10.9. 〈Transcend〉 코스타리카 테라 벨라

[칼리타, 13g, 90도, 2'30", 150ml]

  빈약한 커핑 경험치지만 내 기억에는 식은 후에도 새로이 좋은
맛을 보여 준 콩이 드문데 테라 벨라가 그중 하나다. 유효 성분이
많다는 뜻이겠다. 그래서 과감하게 150ml를 추출해 보았다.

  과정은 이랬다. 오늘은 2분 30초에 걸쳐 110ml가량을 내려서 희
석하기로 계획하였다. 그런데 실제에서는 2분 만에 양이 차버렸
다. '초보 주제에 물 조절이 마음대로 될 리가 없지. 지금은 원두
를 믿자.' 선택의 기로에서 시간을 기준 삼기로 한 결과 40ml가
더해졌다.

                                                                    +

  우려했던 과다 추출의 잡미가 없으니 일단 합격이다. 비중 있게
느껴지는 어떤 맛이 있는데 이미지가 떠오르지 않아 난감하다. 집
중하자. 집중해서 맛을 보자.

  레드 와인. 잘 익은 붉은 과일이 연상된다. 시큼한, 발효된 신맛
이다. 한 모금 가득에 복합적인 향미가 있다. 뒷맛(after taste)에
서 캐러멜, 설탕, 스모키가 느껴진다. 뛰어난 단맛은 아닌데, 묘사
하자면, 오래 달구지 않아 아직 설탕 알갱이가 남아있는 똥과자같
이 달다.

  레드 와인의 맛은 아래로 내려가는 이미지인데 떨어지지 않게 잡
아주는 무언가가 있다. 빈스박스는 이 원두를 '체리와 꿀의 기분

좋은 단맛'이라고 설명하고 있다. 나에겐 체리가 와인의 시큼한 포도로, 꿀이 중심을 잡아주는 무언가로 다가온 게 아닌가 한다.

테라 벨라 덕분에 커피의 꽉 찬 맛과 완벽한 밸런스가 무엇인지 알게 되었다. 좋은 밸런스란 가운데에 있어서가 아니라 반대편에 있는 서로가 서로를 잡아주어 생기는 균형감이다. 이 커피, 가득한 향미와... 감탄스럽다.

그런데 충격적인 것은 어떻게 150ml가 되었어도 과다 추출의 잡미가 없느냐 말이다. 뭉쳐진 과즙이 흡사 다 익었지만 아직은 단단할 때의 붉은 자두라고나 할까? 4년간의 연구 끝에 탄생한 생두라더니. 가득한... 레드 와인....

+   +   +

핸드드립을 하다 보면 오늘처럼 순간 다가오는 선택의 순간이 많다. 때에 의도해서든 당황해서든 일단 선택을 하였으면 되돌려졌으면 좋겠다는 생각은 하지 말고 결과가 어떻게 흘러가는지를 알아두자. ① 다음 기회에는 원하는 쪽으로 변화를 주겠다고 다짐하자. 열린 마음으로 시행착오를 자료화하자. ② 실상 뭐가 맞는지 제대로 아는 것도 아니잖아? 괜히 걱정하지 말고 드립이 끝날 때까지 '궁금'으로 덮어두자. 한 잔 커피를 완성한 뒤에 잘잘못을 음미하자.

선택의 경우가 있건 없건, 좋은 선택이건 나쁜 선택이건 빠르게 흘러가고 있는 '지금'과 '나'를 세심히 살피자. '현재'에 누릴 수 있는 '이익'을 두 손 가득 챙겨야 한다. 알면서도 잘 안 되지만.

오늘까지 이렇게 흘러왔다.

 핸드드립에 입문한 이후로 내 커피에는 몸서리치게 싫은 날카로운 쓴맛이 있었다. 긴 추출 시간 때문이었다. 해결하였다.
 다음은 신맛이 문제가 되었다. 수온에 따라 신맛의 톤이 달라졌다. 낮으면 흩어졌고 높으면 뭉쳐졌다. 높은 수온과 짧은 시간을 조합하여 돌파하였다.
 신맛의 톤은 살아났지만 다른 맛들이 죽어버렸다. 분쇄도를 가늘게 바꿔서 단조로움을 해결하였다. (나 좀 기특하다.)

 굵직한 문제는 모두 해결하였다고 드립에 자신만만했다. 오래가지 않았다. 새로운 원두에서 두고 볼 수 없는 신맛이 등장하였다. 수온을 바꾸어도, 시간을 줄여도 늘려도 다 안 되었다.

 기특한 나는 굵게 갈아서 커피를 내려보았다. 나아졌다. 그래도 커핑에서의 견과류는 나타나지 않았다.

+   +   +

(폭풍실험을 마쳤다. 한 줌 재가 되었다. 남아있는 온기로 쓴다.)

생산에서 가공까지 곁을 지키며 노심초사했을 농부들.
콩의 개성을 한껏 드러내기 위한 로스터의 고뇌와 열정.

나는 작품이라 칭할 원두를 뻣뻣한 지폐와 바꾸고선 맛있는 커피를 향해 기대만으로 물을 부었다. 잔에 담기는 것은 단절. 보잘것없는 나의 노력이었다.

비로소 생각해 본다. 생산자와 로스터를, 그리고 나를. 단계를 건너가지 못하고 낙오하는 생두와 원두는 빚 없는 땅으로 보내어진다. 바야흐로 소중한 이름은 자모가 분해된다.

내겐 스페셜티로 수식하는 원두가 있지만 아직은 특별하지 않음을 깨닫는다. 꼭 한 잔의 커피를 얻기 위한 실험 과정을, 내 손에서 이름표가 떨어져 나가는 구슬픈 현실을 받아들여야 한다.

스페셜티 커피. 고민의 정점에 있는.

나는 얼마나 알고 있을까?
고맙게도 나만큼의 맛이다.

강릉에 갈 일이 있었다. 도반 스님은 나를 반갑게 맞아준 후 원한다면 짬을 내어 〈테라로사〉와 〈보헤미안〉을 구경시켜 주겠다고 했다. '기회다!'

하필 몸 상태가 천근만근이라 커피는 피하는 편이 낫긴 했다. 미각이 메롱해 맛을 본들 결과가 뻔했다. 그래도 상관 않고 가기로 한 건 두 카페의 드립 영상은 인터넷에 거의 없기도 했거니와 맛 좋기로 소문난 카페의 핸드드립을 실제로 보고 싶다는 열망이 컸기 때문이었다. 핸드드립 영상들은 따라 했어도 따라지 커피가 나와서 모두 허구인 것만 같았다. 흔쾌히 나를 탓할 계기가 필요했었다.

일요일이라 이른 아침부터 북적이는 〈테라로사〉였다. 우리 세 명은 넓은 홀의 왼쪽으로 난 문 바깥에 자리를 잡은 후 각각 코스타리카 CoE, 콜롬비아 CoE, 브라질 CoE를 주문했다. 나는 커피 내리는 모습을 보고 오겠다 말하고 드립바에 가서 앉았다.

커피 주문을 받고, 잔을 세팅하고, 드립 포트에 물을 데워 옮겨주고, 추출하고, 내어주고. 직원들의 분업이 철저했으며 원두를 갈아 커피를 내리는 분은 세 개의 드리퍼쯤은 가뿐하게 동시에 드립했다.

1인분 주문은 서버 없이 잔에다가 드리퍼를 올렸다. 원두에 따라 디팅 그라인더의 분쇄도를 약간씩 조정하는 모습이 인상적이었다. 뜸들이기도 예사롭지 않았다. 충분히 그냥 막 물을 부었다. 벌써부터 잔에 커피가 고이는데 괜찮을까 싶었다. 이어지는 1회차 주입에서 또 확 부었다. 3회차까지 마찬가지였다. 150ml쯤 나온 듯했고 원두량은 20g이었다. 추출 시간은 뜸들이기를 포함해 총 1분 30초가 걸렸다.

'1분 30초?'

드립한 커피들이 임자에게 나갔다. 드립 테이블에는 2인분도 섞인 두 번째 주문이 세팅되었다. 서버가 등장한다는 점을 빼면 앞의 장면과 별반 다르지 않았다. 하지만 다시 봐서 그런지 이번에는 상황에 맞추어 드립 과정을 꼼꼼히 관리하는 듯한 동작들이 눈에 들어왔다. 물도 막 붓는 게 아닌 것처럼 다르게 다가왔다.

현장감 넘치는 직관의 기회를 다른 손님도 누려야 하고 오늘은 혼자 온 게 아니니 더 앉아 있고 싶은 마음을 거두었다. 자그마치 세 종류나 되는 CoE를 경건하게 맞이하러 자리로 돌아갔는데 일행은 커피를 홀짝이고 있었다. 온전한 코스타리카가 눈치 없는 임자를 반겼다. '먼저의 드립이었다니.'

음... 맛은 좋았다. 아니, 맛이 좋았다. 내 드립 커피와 같은 지나친 신맛이 전혀 없었으며, 버터 스카치 캔디가 정말 대범하게 놀고 있었다. 다른 두 잔도 역시 메뉴판의 설명이 공감되었다. 옆에서는 내 얼굴에 반영된 컵노트를 읽고 "아주 신났구나!" 했다.

'핸드드립이 파격적이었다... 그래도 맛이 괜찮다... 괜찮은 정도가 아니라 매우 훌륭하다... 어떻게...?'

흠잡을 게 없는 커피에 마음 한편이 의문으로 응어리졌다. 그저께 〈커피리브레〉 대표님의 블로그에서 스페셜티 커피는 고온으로 짧게 추출해야 한다는 의견을 보았었다. 이론의 실제를 이렇게 빨리 만났으니 행운이라고 생각하기로 했다. 머릿속에 솟아나는 잡초 같은 사견을 적극 배제하고 오늘의 장면 그대로를 기억하려고 했다. '외양만 알았지 원리를 꿰뚫은 게 아니잖아? 시간을 두고 탐구해야. 나도 만들 수 있어야.'

카페에서 나올 때 예가체프 퍼퓸과 브라질 베르디를 살까 말까 고민했다. 인터넷으로 주문한 이곳의 말라카라가 아직 남아있고 다른 곳의 원두도 올 예정이므로 참았다.

동선이 꼬이지 않게 본점 대신 박이추 님의 아드님이 계신다는 〈보헤미안 경포〉로 갔다. 하와이안 코나, 오늘의 커피인 예멘 바니마타르, 크리스탈 마운틴을 주문한 다음 드립 테이블 앞으로 가 허락을 받고 관찰했다. 여기도 그라인더는 디팅이다. 분쇄한 원두를 가루받이 컵에 붙은 미분까지 톡톡 털어 칼리타 드리퍼에 담았다. (〈테라로사〉는 미분을 버렸다.)

강배전에 속하는 원두였다. 분쇄도는 결코 굵지 않았다. 뜸들이기 후 물을 소량씩 여러 번 부으며 에센스를 뽑은 다음 순식간에 드리퍼 상단까지 물을 채워 남은 양을 맞추었다. 원두는 15g, 수온은 85~90도, 추출량은 150ml, 추출 시간은 1분 30초였다. 우리의 커피가 확실하니 자리로 갔다.

크리스탈 마운틴은 초콜릿이 지배적이었다. 하와이안 코나는 깔끔한 바탕에 청포도 향이 얹어졌고 잔잔한 단맛이 있었다. 예멘은 청포도가 대박이었다. 세 커피 각각이 잔의 색깔과 무늬대로 맛이 났으며 공통적으로 바디감이 훌륭했다. 높은 배전도에도 과일 향이 살아있다는 사실에 착한 충격을 받았다. "이게 가능해?"

전문가의 잘 내려진 강배전 커피를 전부터 먹어보고 싶었다. 우리끼리 드립한 것 말고 말이다. 방문하기에는 강원도보다 한참 가까운 〈빈스톡〉이 있었으나 영 기회가 없던 차에 드디어 만났다. 상상도 할 수 없었던 커피에 그냥 감사한 마음이 들었다.

"얼마인가요?" 나올 때 예멘 봉투를 하나 들고 여쭈었다. "그건 좀 비싼데... 백 그램에 만오천 원이요." 하셨다. "네, 맛있는 이유가 있었네요!"라고 대답했다. 강배전 원두의 과일 향 담기 실험은 훗날을 기약하며 제자리에 살포시 놓아드렸다.

〈테라로사〉와 〈보헤미안〉. 극과 극의 극적인 어울림! 현시점의 나에게 더없이 훌륭한 한 쌍의 선생님이 되었다. '스리랑카에 가면 길거리의 홍차도 그리 맛있을 수가 없다지. 마찬가지로 노상에서 마신 독일에서의 맥주나 프랑스에서의 와인이 그렇게 생각난다지. 커피는 커피다. 음료다. 특별하달 게 무어랴. 사람과 사람을 잇고 누군가에게 위안을 주는 등등으로 나름의 역할을 하면서 이리로 저리로 거쳐 갈 뿐이다.'라는 생각이 들었다.

'지극정성' 쪽에서 핸드드립하던 나인데 단 하루의 경험으로 반대쪽에 있는 '막~'의 매력에 퐁당 빠졌다. 그토록 특별했던 스페셜티 커피가 '그냥 한 잔'으로 다가오니 커피를 대하는 마음이 편해졌다. 역시 들었다 났다 해야 빨리 느는 것일까? 내 커피의 변화를 확인하기 전이지만 마음가짐만큼이 좋아졌겠다고 감이 왔다.

강릉을 떠나는 버스에 몸을 태워놓고 마음은 카페로 되돌아갔다. 카페 투어가 여러모로 얼마나 자극제가 되었는지 자리가 덜컹거리는 것도 감회를 더 즐기라고 부추기는 것 같았다. 그래서였다. 〈테라로사〉에서도 〈보헤미안〉에서도 한편으로는 커피잔이 자꾸 눈에 들어오더니, 내겐 적어도 두 개의 잔이 필요하겠다는 생각이 들었다. 강배전에 하나 약배전에 하나 이렇게. 물론 더 다양하다면 더 더 좋겠다. 누군가가 와서 마음에 드는 잔을 고르면 내가 잔과 어울리는 커피를 내어주는 장면을 상상하였다. '그러려면 원두도 다양하게 있어야겠지? 국가별로는 말할 것도 없고 약배전에서 강배전까지. 그리고 또 있었으면 하는 게....'

도착, 즉시 한잔했다. 사과와 아몬드가 좋은 라 조야를 수온 93도로 막드립했다. 적당히 뽑아서 적당히 물 타기. 견과류는 없어도 사과가 좋았다. 뜨거울 때 잠깐 신맛이 뭉쳐있었고 식은 다음에는 어쩐지 탄산감이 있어 완전 데미소다 사과 맛이었다. 가라앉지 않은 마음으로 시험 삼아 내린 커피가 그간 정성 들였던 애들보다 마음에 들었다.

+   +   +

막드립할 내일의 커피를 기다린다. 언젠가는 다시금 정성 들일 날이 오겠지만 그건 그때의 일이다. 지금은 생각을 더 해서 좋을 게 없다.

경험상 고수들은 '왜?'라는 질문을 좋아하며 때와 장소가 적절하다는 판단하에 도움이 되는 답을 알려주었다. 오늘, 카페에서 '왜?'를 여쭙진 않았지만 정성껏 맛본 여섯 종류의 커피로부터 그들은 답을 가지고 있다는 확신이 든다. 이제는 나의 몫이다. '왜?'

에 대한 탐구. 막히는 무언가가 있을 때에 다시 인연 따라 스승이
나타나겠지.

　최하수는 '왜?'에 엉뚱한 말을 하고, 하수는 '왜?'를 피하고, 중수
는 '왜?'를 같이 고민하고, 고수는 '왜?'에 답을 말해 주고, 최고수
는 '왜?'를 느끼게끔 안내한다.

2013.10.14. 내맘대로 커핑

===

* 데이비드 시그니쳐 블렌드

브라질 - Pocos De Caldas
에티오피아 - Sidamo Natural, Chelba

Aroma - Strawberry, Blueberry, Tangerine, Licorice, Dark
Chocolate, Almond, Nutty, Caramel, Syrup
Flavor - Very Sweet, Rich, Citrus, Berry, Fruity, Chocolate,
Some Salt, Winey, Caramel, Syrup
Body - Buttery, Rich, Heavy

"묵직한 단맛 주변에 베리, 과일의 산미와 천일염 같은 짠맛을 곁
들여 캐러멜의 느낌을 더욱 풍성하게 해주는 데이비드 시그니쳐
블렌드."

===

에스프레소를 위해 볶은 원두를 핸드드립하면 어떻게 표현될지 궁금해서 (공동 구매를 하거에) 구입했다. 에스프레소 기계와 핸드드립 실력이 없어 비교가 불가하지만 상관없다. 기본정보를 알려주는 종이가 커닝할 수 있게 함께 왔고, 남에게 검사받을 게 아니니 내 맘대로 해석하면 된다. 커핑부터!

[커핑. 12g, 수온 95도, 200ml 컵 사용]
15분 - 쓴맛. 청포도 향기. 초콜릿.
20분 - 짠맛. 진한 초콜릿. (이 시간 이후로 커피의 전체적인 질감이 완전히 바뀌었다. 가벼워졌다. 낮아진 온도 때문에 대류가 약해져서 일부 무거운 커피 성분이 가라앉은 게 아닐까?)
25분 - 첫 향에 딸기를 느낌. 신맛 드러남.
28분 - 매콤.
30분 - 떫은맛. 불편해짐. 과다 추출이 시작되는 것으로 판단. 끝.

[되새김]
  핸드드립을 계획하기 위해 안내지의 설명과 커핑 내용을 비교한다.

1. 캐러멜을 확인하지 못하였다. 과일의 산미와 천일염의 짠맛이 한 덩어리가 되어 메주 맛이 났다.
2. 청포도 향이 예상보다 강렬했다.
3. 딸기라고 100% 확신할 수는 없다. 다만 청포도와는 다른 향이 분명 있었다는 사실을 기억하자. 드립에서 만나게 되기를.
4. 과다 추출의 단점이 크게 다가왔다. 추출 시간을 길게 끌지 말아야겠다.

2013.10.14. 〈데이비드커피〉 1차 - 분쇄도

칼리타 KH-3 핸드밀의 분쇄도를 한 칸씩 가늘게 바꾸다 보면 드립 시 물이 가루 위로 뜨기 시작한다고 느껴지는 굵기가 있다. 여기를 '가는분쇄'(=물 빠짐이 힘겹지만 추출은 되는 칸)로 하여 '중간분쇄'(=한 칸 더 굵게, 물 붓는 양에 따라 추출 속도가 조절되는 칸)와 '굵은분쇄'(=다시 한 칸 더 굵게, 물이 빠르게 빠지는 칸)를 정하였다. 커피를 내렸다.

[중간분쇄]
대번에 느껴지는 청포도 향기. 그리고 초콜릿. 그런데 진하지 않다. 커핑에 비해 모자란 게 많다.

[굵은분쇄]
이쁘지 않은 신맛이 두드러진다. 밸런스가 무너졌다. 전반적으로 밋밋하다. 모든 면에서 중간분쇄보다 좋지 않다. 떫은맛도 난다.

[내일 계획]
가는분쇄로 하면 초콜릿이 진해지는지, 중간분쇄에서 추출량만 150ml로 줄이면 어떻게 되는지를 확인해야지.

2013.10.16. 〈칼디커피〉 10월의 홈 딜리버리

14일부터 커핑 방법을 바꾸었다. 가루의 향기는 맡아만 보고 평가 항목에서는 빼기로 했다. 감각이 예민하지 못해 채점에 일관성도 없을뿐더러 신경 쓰는 것에 비해 그다지 얻어지는 정보가 없기 때문이다. 나머지는 하던 대로, 시간의 경과에 따라 주관적인 느낌을 쓴다.

커핑의 목적은 핸드드립을 위한 사전파악이다. 원두에 얼마나 다양한 향과 맛이 있는지, 온도나 경과 시간에 따라 어떻게 달라지는지를 기록한다. 일단은 이렇게 커핑을 하자Go!

[커핑. 200ml 컵, 12g, 95도]
가루 - 가볍고 밝은 향이 난다. 특징적인 것은 모르겠다. 내가 감지하기에는 약하다. 좋아! 자르밟고 ~~지나가자~~!
10분 후 - 다크 초콜릿. 기분 좋은 쓴맛.
15분 - 코코아. 짠맛. 매운맛.
20분 - 밝은 신맛. 너티함.
25분 - 무거운 맛들이 사라짐. 일정 온도 이하가 되면 공통적으로 나타나는, 익숙한 변화다.
27분 - 까끌한 느낌. 혀를 자극하는 맛들이 증가. 끝.

입 안에 분사하듯 맛보는 것(슬러핑, slurping)이 익숙하지 않은 관계로 평가가 쉽지 않다. 이 콩에 대한 확실한 정보는 에티오피아라는 국가명이 전부다. 원두의 색을 보면 배전도가 높은 편이다. 다음 커핑에는 수온을 93도로 낮춰야겠다. 오늘의 정보로 핸드드립의 방향을 설정한다.

'견과류와 밝은 신맛을 살리면서 초콜릿류가 곁들여진 커피를 목표로 하자. 풍부함보다는 깔끔함이 잘 표현되면 좋겠다.'

2013.10.16. 하푸사~ ㅇ ㅖ ㄱ ㅏ ㅊ ㅔ ㅍ ㅔ

〈Johnson Brothers Coffee Roasters〉. 〈JBC커피〉라고도 부른
다. 택배를 받고 잽싸게 한 잔 내렸다.

[20g, 중간분쇄, 93도, 1'30", 100ml 추출 → 150ml로 희석]

"와～～～～～!!!! 좋아～～!!!"

천방지축 여중생 둘이서 꺄르르 노는 듯 경쾌하고 밝은 산미. 이
를 따뜻한 시선으로 바라보는 캐러멜과 꿀의 단맛. 더하여 빼곡하
게 들어찬 향미는 군중이랄까?

식으면서 변화가 크다. 전체적으로 눅눅해지는 톤, 흰 껍질 붙은
오렌지의 쌉쓸한 신맛, 탄력 잃은 캐러멜과 꿀의 단맛 등으로 반
전된다.

'왜지? 희석해서? 급하게 내려서? 아무러면 어떤가, 지는 꽃도
사랑하리라. 뚜렷한 결점만 아니라면 이것도 매력이지!'

식기 전, 식은 후의 커피로부터 이미지가 떠오른다.

졸업식.
막연한 내일이지만 기대를 하며 오늘의 끝을 흔쾌히 놓아줄 거다.

2013.10.17. 〈칼디커피〉 소노라 레드 허니 프로세싱

커피 체리의 외피를 벗겨낸 후 점액질을 많이(80%) 남겨 생두가 마르면 붉게 보여서 '레드 허니'라고 부른단다. '옐로우 허니'는 점액질을 조금(20%)만 남기는 까닭에 노랗게 보인단다. '블랙 허니'라는 것도 보이기에 "농익은 체리를 그대로 말려 검게 보인다. 백퍼." 하며 검색하였다. 레드 허니 프로세싱에서 건조 방법만 다르다고.

[20g, 중간분쇄, 91도, 1'55", 140ml 추출 → 200ml로 희석]

뜸물을 붓자 가스가 엄청 나왔다. '신선하다!' 추출을 끝내고 원액을 맛보았다. 당황스럽게도 작렬하는 익숙한 쓴맛......? 2초 후, 마음을 진정시켰다. 뭔가 아리송한 부분이 있었다. 탐색했다. 스모키(smoky, 훈연 향)임을 잡아냈다. 표준국어대사전 曰, '훈연(薰煙)은 냄새가 좋은 연기'라고 하듯 탄내와는 분명 달랐다. 장작 화로 근처에 가면 나는 재 냄새 같았다. 과다 추출 보고 놀란 가슴 스모키 보고 놀랐다.

물로 희석하였다. 이번에는 뭉글뭉글 혀를 덮는 오일리(oily)가 왔다. 부정적이지는 않아 좀 더 느끼기로 하였다. 분명 질감이 좋은데도 처음 경험해서 그런지 독일까 걱정이 되었는데 그러면서도 촉감을 즐겼다. 질감에 붙어서 청포도 향이 살짝 났다. 〈가비양〉의 예가체프가 캠벨 크기라면 이건 대형이었다. '거봉인가? 신기하면 알아봐야지.' 〈칼디커피〉 홈페이지를 찾았다.

==
코스타리카 소노라 농장은 세계적으로 유명한 포아스 화산 웨스트밸리 지역에 위치한 농장으로 100ha(헥타르)의 규모와 1,200m의 고산지대에서 생산되는 최고급 스페셜티입니다.

컵노트 : grapefruit, medium body, orange, lemon, clean, caramel, winy
==

포도 향은 맞고, 오렌지와 레몬의 산미는 카메오 정도고, 목 넘김 후 갈색 똥과자가 오는데 캐러멜이라 해도 되겠고, 레드 와인의 산미가 함께한다. 굉장한 오일감의 정체는 무엇인가? 사건은 미궁에 빠지고....

중요한 사실을 알았다. 상태가 좋은(=변수가 적은) 원두를 써야만 내가 내려도 먹을 만한 커피가 된다는 것. 그리고 또 하나, 혹시나 하는 마음에 사전을 들췄다. grapefruit은 포도가 아니라 자몽이었다. 내가 맛본 cup note는 real fact 느낀 그대로니까 바꿀 마음이 전혀 never 없지만 부끄럽긴 하다.

꿈에 나오겠다. grape는 포도, grapefruit은 자몽. grape는 포도, grapefruit은 자몽. 포도는 grape, grapefruitdms wkahd....

<u>2013.10.18. 어른 아이다.</u> (부제: 가가가가가)

어리니까 그렇다고 ㅇㅋ 어른인데 그러냐고 ㅉㅉ
어린데도 그렇게나 짝짝 어른이면 그래야지 툭툭

어릴 때 못하던 거 지금도 똑같고
과거에 잘하던 거 지금은 더 잘해
우리 엄마 정하는 게 진짜지
남들은 갑절 넘게 나잇값을 하란다

긴데기가아닌기고기가아닌기기고아닌기긴데기도기가아닌기라.

긴데기가 아닌기 고기가 아닌 기기고 아닌기 긴데 기 도기가 아
닌 기라.

긴데 기가 아닌 기고 기가 아닌 기 기고 아닌 기 긴데 기도 기가
아닌 기라.

입때껏 주어졌던 시간을 알차게 못 썼단 점. 달게 받아들이고야
있지. 그래도 단장단장(短長短長)에 기가 찬다.

덩 덩 덕쿵덕 덩 덩 덕쿵덕 덩 덕쿵덕 쿵 덕쿵덕 마 치모리는것 처럼

2013.10.18. 〈JBC커피〉 에티오피아 예가체프 하푸사

[칼리타, 20g, 중간분쇄, 88도, 1'55", 100ml → 200ml]

 어제는 이상하리만치 커피가 별로였다. 샅샅이 조사하여 주범을 잡았다. 물이었다. 2L 생수병에 정수기 물을 담아 와서 썼는데 여러 번 사용하면서 병이 오염되었는지 물맛이 부정적으로 뭉글하고 무거웠다. 어찌하든지 맑은 물을 써야 하겠다. 물맛을 수시로 확인해야 하겠다.

 '혐의를 벗었지만 이미 버려진 원두들. 잘 가. 멀리 안 나가.
 미안했어. 새 물을 새 병에 받아 왔으니 이제 괜찮겠지.'

 생각에는 잠깐 딴짓하였는데 끓었던 물이 뜸들이기에 쓸 온도보다 많이 식었다. 어제의 실패의 여파로 다시 데우기가 귀찮다. '끓이기 버튼 하나가 뭐라고. 몰라, 아무튼 나는 귀찮다. 귀찮아.' 실험이라는 명목을 급조해 드립을 강행했다.

 추출을 마쳤다. 서버에서 기대가 피어났다.

 오늘은 단맛이 주인공이다. 캐러멜과 꿀이 있고, 연유 같은 혹은 우유 같은 맛이 더해져 매우 부드럽다. 과거 입체적이던 신맛은 여전히 긍정적인 톤이면서 해 질 녘 연기처럼 깔리어 흐른다. 16일의 커피와 비교가 되게 이미지를 그린다.

졸업식이 끝나고 아이는 친구들과 놀기로 했다며 떠났다.

꽃다발과 졸업장을 품고 집에 도착한 부모님은 여태의 사진을 넘기며 흐뭇해한다. "잘 크고 있어 다행이야. 고마워."

2013.10.18. 〈칼디커피〉 - 소노라 레드 허니 실험 2

[칼리타, 20g, 중간분쇄, 88도, 2'30", 150ml]

코스타리카 테라 벨라를 추억하기 위한 추출 계획이다. 결과는 실패! 과다 추출의 불편한 쓴맛이 너무 많다. 3회차의 추출량이 적어도 40ml는 될 거다. 1, 2회차의 비율이 높아야 하는데. 드립을 할 때 오늘따라 유독 서버의 눈금으로 눈길이 가더니만. 대체 무슨 생각에 빠졌던 건지. '잠깐, 자책은 여기까지.' 아직은 물줄기 조절이 무척이나 어렵다.

이제 보니 나는 줄곧 멍청하게 실험하고 있었다. 괜찮게 나온 커피가 있으면 그 조건에서 수온, 추출량, 시간 등등을 하나씩, 좁은 폭으로 바꾸면 되었을 것을. 실패의 확률이 낮아졌을 테고 맛의 변화를 추적하기도 수월했을 텐데.

'자기 자신의 멍청함을 알았다.' 그러면 영리하지 않나? Mental Flavor 항목이 있다면 나는 복합성이 뛰어나니까 썩 높은 점수를 받겠다. 무의식중에 썩소가 샜다.

2013.10.18. 〈데이비드커피〉 실험3 - 분쇄도

[실험]

1번: 20g, 가는분쇄, 90도, 1'35", 100ml → 150ml → 200ml
   (농도를 맞추고자 재차 희석했다.)

2번: 15g, 가는분쇄, 90도, 1'35", 100ml → 150ml

3번: 20g, 중간분쇄, 90도, 1'45", 100ml → 150ml

4번: 15g, 중간분쇄, 90도, 1'45", 100ml → 150ml

칼리파 드리퍼	바디감	밀도	향	맛, 밸런스
1번		빽빽한	별로	강한 신맛
2번	열린 느낌		좋은	좋은
3번	닫힌 느낌	성긴	조금	신맛 치우친. 쓴
4번			구수한	떫은. 연한

[결론]

  추출 시간이 길어질 경우 과다 추출 되는 경향이 많다. 짧으면 잡미는 없으나 밸런스가 신맛에 치우쳐서 좋지 않다. 2번이 마음에 들고 나머지는 서로 장단점이 달라서 선호도가 비슷하다. 추가로 할 실험이 많다.

2013.10.18. 〈데이비드커피〉실험4 – 추출 시 분할

이번에는 분할(물 주입 횟수)에 관해서이다. 앞서 좋은 맛을 보여준 [15g, 가는분쇄]라는 조건을 고정했다. 역시 칼리타 드리퍼를 썼고, 뜸들이기를 한 뒤 3회로 나누어 추출했다. 두 잔을 더 뽑았으나 별다른 정보가 없어 기록하지 않는다.

[1번. 90도, 1'40", 100ml → 150ml, 2회차 추출의 비중을 높게]
⇒ 단맛 강한. 쓴맛 조금 섞인. 중후반의 맛들 우세.

[2번. 90도, 1'40", 90ml → 150ml, 1회차 추출의 비중을 높게]
⇒ 신맛 강한. 향이 있는. 조금 단. 초중반의 맛들 우세. 이게 낫다.

상대적으로 1회차의 추출량이 많으면 신맛과 향이 강해진다. 2회차를 많게 하면 단맛이 좋아지는 대신 향은 떨어진다. 3회차의 양을 늘리면 불편한 맛이 많아지겠는데 실험하지 않아도 뻔하다.
+   +   +

드리퍼를 두 개 준비하여 같은 원두를 15g씩 담는다. 1회차에 각각 30ml, 50ml를 추출한다. 2회차 물 주입으로 두 개의 추출량이 똑같게, 80ml가 되게 만든다. 3회차에서 20ml씩 추출한다. 이렇게 100ml가 된 두 커피를 맛보면 맛이 다르다. 분할 추출에 신경을 써야 하는 이유다. 각 회차에 추출량 대신 시간을 다르게 배분하는 방법도 영향력이 있을 것 같은데 어떨지 궁금하다.

폭풍 실험의 결론이다. 신맛과 향을 살리려면 5:3:2로, 단맛과 바디감을 살리려면 3:5:2로 분할하는 게 좋겠다. 3회차 추출에 20%를 두는 건 맛의 밸런스에 도움이 된다고 여겨서다.

'1회차:2회차=3:7 그리고 7:3'으로 보다 극적인 차이가 기대되는 커피 두 잔을 만들어보고 싶다. 전자저울을 사자. 강한 필요성이 생겼으니 사도 된다.

+   +   +

나는 주변에 관심이 적다. 흥미가 생겨도 금방 사그라지는데 간혹 아주 끌리는 궁금증이 생기면 이게 느닷없이 할 일 순위를 치고 올라간다. 당장 알아낼 거라며 급급한 마음으로 앞으로 앞으로 달려가게 된다. 그러면 대개 답이 없는 막다른 곳에 다다르는데 뒤를 돌아보면 온 길이 알 수 없게 엉망진창이다. 중간 과정을 정리해 두지 않은 까닭이다. 멈춰진 그 순간에 잡아 쓸 무엇이 없다.

그렇다. 나는 통찰력과 논리적 추론과 직관이 좋고 정확한 지식과 정보의 자료화에 약점이 크다. 삼국지에는 이런 전투 장면이 있다. 먼저 기마병이 적의 방어진을 뚫고 한바탕 휘저어 놓으면 뒤이어 보병이 기세 좋게 달려가 진압한다. 비유하자면 나는 빼어난 기마병과 졸렬한 보병을 가졌다고 하겠다. 고생스러워도 애써 전진하지만 마무리가 안 되어 결국 시작점까지 후퇴한다. 그간 치열하게도 치러왔다. 패배할 전투를.

지금은 장점보다 단점이 두드러지는 시기. 멀고 험한 오름길에 들어섰다. 능력이 있어 몇 번의 도전으로 오를 것 같으면 냅다 뛰겠다. 나는 여의치 않으니 경로를 살피며 발을 옮겨야 하고 필요하면 밧줄도 걸어야 한다. 종국에는 저 끝을 밟도록 그렇게 오르자. 지금 수십 수백 발짝 빠른 건 아무 의미 없다.

　얼마나 간단한지 아주 거저겠다 싶은 일도 만만히 여기지 말자. 결정적인 순간에 원치 않는 방향으로 틀어졌던 일이 얼마나 많은가? 지금까지의 후회담만 해도 노랫말이 길어 하품 나는 신파극을 쓴다. 이것으로 충분하다. 인생사의 미담이라며 3절 4절 반복하고 싶지 않다. 구구절절 대하드라마로 만들고 싶지 않다. 음곡이 그대로인데 가사만 달리 써서 부르면 무슨 흥이 나겠나? 고만고만한 후회를 반복하지 않게 하나씩 마무리 짓고 넘어가야 한다. 나란 인간의 단점을 극복함이며 나잇값을 감당하는 모습이겠다.

　소중한 사실을 깨닫는다. 나는 여태껏 불살랐다고 할 만큼 열정적으로 한 일이 하나도 없는 줄 알았다. 그렇긴 하였다. 무얼 배우든 어느 정도 익혔으면 더는 흥미를 못 느껴 발전이 없었다. 어정쩡한 실력에 머무르다 다른 관심사로 넘어갔었다. 비로소 보인다. 그러하게 보냈던 과거이지만 결코 열심히 하지 않았던 것은 아니라는 사실이. 정체되는 딱 거기까지는 열정이 뜨거웠다.

　잘못 판단한 이유가 단순했다. 얼마나 노력했는지는 고려하지 않고 바라는 만큼의 성취가 없으면 싫증을 내고 다 덮어버렸다. 허황한 기대치를 갖는 것이야 이상주의자니까 그러려니 해도 성공 아니면 실패라고 양분해서 결론짓는 습관은 문제가 심각했다. 실패로 끝맺음한 일에도 군데군데 의미가 없지 않은 소소한 성취가 있었는데 깡그리 무가치한 것으로 치부해버렸다. '헛노력'으로 낙인찍힌 '열심히 한 순간들'은 얼마나 갑갑했을까?

사람은 누구나 자신의 일에 최선을 다한다. 그 일은 한 가지일 수도 있고 여러 가지일 수도 있다. 잠깐일 수도, 지속될 수도, 수시로 바뀔 수도 있다. 학생이라고 해서 꼭 공부만이 자신의 일이 되는 건 아니다. 그러니 딴짓한다고 야단치거나 걱정할 게 아니다. 학생이 공부하길 바란다면 공부가 자신의 일이 되도록 유도해야 한다. 부모님부터 TV를 끄고 독서를 하는 등으로 공부할 환경을 만들어가야 한다. 나는 나의 일을 점검해 보아야겠다.

나, 그동안 열심히 살아왔다. 이제야 나를 용서한다.

2013.10.20. 도이난

〈Johnson Brothers Coffee Roasters〉의 예가체프 하푸사.

　+ + +　　　　　　　　　　　　　　　+ + +　+ + +
커피로부터 느껴지는 정성과 풍요로움, 크나큰 위로가 되었다. 하푸사가 도착한 그날에 내린 한 잔, 삶의 전환점이 되었다. 나는 스스로를 다잡았다.

'괴로운 현상은 있되 이유도 벗어날 방법도 알 수 없는, 존재 자체에 뿌리를 두었으리라고 짐작만 하는 *힘/듦* 앞에 무기력했었다. 낙담하기를 그만두고 뭐라도 해 보자.'
　　++++　　　++++　　　　+++

2주가 넘어가는 원두다. 신선도가 하락세에 접어들 때다.

[1번. 칼리타, 15g, 중간분쇄, 1'40", 100ml]
- 신맛과 쓴맛이 튀는. 밸런스가 별로. 단맛 부족.
- 소심하고 고르지 못한 물줄기. 가루 일부가 과다 추출 된 듯.
- 이렇게 단맛이 좋은 원두를 자기도 먹기 싫게 추출하기란 참으로 어려운 일일 텐데. 내가 해냈다!
- 안 되겠다. 다시.

[2번. 칼리타, 15g, 중간분쇄, 1'50", 120ml → 170ml]
- 신맛이 안정된. 단맛이 좋은. 쓴맛 제어된. 밸런스 나아진.
- 1번보다 수온을 높였다. 신맛을 예쁘게 하기 위한 선택이었다.
- 총 추출 시간을 줄이려 했으나 실력 부족.
- 예쁜 분위기가 기대에 덜 미친다.
- 1번보다 많은 물을 부었음에도 추출 속도가 그리 빨라지지 않았다.
- 맛이 과소 추출로 여겨진다. 단맛이 중간에 끊어지는 느낌이다. 70%를 뽑고 그만둔 것처럼. 의아하다.

[마무리]
　두 컵이 진한 건 같은데 다르다. 맛과 맛 사이에 간격이 있는 1번을 '부담스러운 면이 있는 강한 커피'라 하겠다. 2번은 밸런스가 좋아서 괜찮다. 핸드드립은 하면 할수록 맛은 나아지고 방법을 안다고 말하기는 어려워진다. 당연하겠지?

555.5.5. 과소, 과다 추출이 동시에 담길 수 있다

영희)

5과목 시험을 쳤다.
평균 80점을 받았다
각각 60점, 70점, 80점,
90점, 100점이었다.

철수)

5과목 시험을 쳤다.
평균 80점을 받았다
각각 70점, 75점, 80점,
85점, 90점이었다.

둘은 평균이 같다. 그러면서 점수가 같은 과목이 있고 다른 과목이 있다. 그래서 시험 전략이 달라지고 장래 계획이 달라진다.

갸)

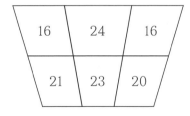

내)

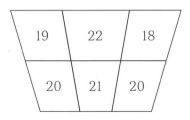

칼리타 드리퍼에 담긴 20g의 가루를 '상, 하 그리고 좌, 중, 우' 6 구간으로 나누어 수율을 측정하였다.(feat. B-F) 각 구간의 추출 정도가 다르지만 결과물은 둘 다 수율이 20%인 골든컵이 된다. 갸)와 내)는 같은 맛이 날까? 시험 점수의 예로써 어렵지 않게 예상할 수 있겠다.

갸) 커피는 드리퍼의 중간 영역으로 인해 과다 추출 맛이, 상단 좌우로부터 과소 추출 맛이 난다. 내) 커피는 밸런스가 좋아 편안하다. 음~

논리적인 비약이라며 터부시할 수도 있겠다. 하지만 근거가 명확하니 허무맹랑한 소리는 아니라고, '그럴 수도 있겠다.' 정도만이라도 넓은 마음으로 받아들여 주시면 안 될까요? 소위 말하는 일본식 핸드드립이나 점드립에서 자주 보았습니다. 다양한 사람의 갖가지 핸드드립을 관심 있게 살피고 맛을 보면 분명 체감하실 수 있을 겁니다.

가)의 경우를 적용하면 채널링(channeling, 물길이 생긴, 편 추출)이 부정적인 이유를 추론할 수 있습니다. 숫자 폭을 더 넓히면 됩니다. 읽어주셔서 감사합니다.

2013.10.20. 〈데이비드커피〉 진짜 마지막 실험

원두가 찔끔 남았을뿐더러 생각도 정리되어서 18일의 실험을 마지막이라고 했었다. 지금 보니 25g이나 된다. 100g, 200g짜리 봉투만 접했기 때문이겠다. 500g에서는 남은 양 어림이 어림없었다. 한 번에 먹기에도 반을 남기기에도 애매하다. 그러니 진짜 마지막인 실험을 하기로 한다. 칼리타 드리퍼를 쓴다.

[1번. 12.5g, 중간분쇄, 92도, 1'35", 100ml, 1회차 추출량 많이]
⇒ 향이 좋고 신맛이 강조된다. 밸런스가 앞쪽으로 쏠려 있다.

[2번. 12.5g, 중간분쇄, 92도, 1'35", 110ml, 2회차 추출량 많이]
⇒ 짠맛이 먼저 느껴진다. 맛이 1번보다 못하다고 생각될 즈음에 반[>.<]전이다. 베리류와 복숭아의 달달한 과일 향이 나온다. 1번

에 입체감이 더해진 모습이다. 밸런스도 아주 바람직하다.

+

+

　오늘 총 3가지 원두로 떨이 겸 실험을 하고 있는데 앞서의 2종에서 감을 잡았다면 이번에는 확신이 생긴다.

　　　분할 추출의 효과가 명백하다. 맛을 매우 좌우한다.

　이 콩, 감격스러운 순간들을 함께하고 있다. 그제는 나를 되돌아보는 계기에, 오늘은 드립 실력의 향상에 쓰였다. 혼잣말이지만 인사를 하자.

　"데이비드 님 감사합니다. 하시는 일마다 순조롭게 풀리고 대박 나기를 기원합니다!"

2013.10.20. 〈로스팅아라비카〉 르완다 인조부

　35g 정도가 남아 있다. 의무감이 든다. 떨이 겸 실험을 하기로. 오늘도 칼리타이다.

[1번. 17g, 중간분쇄, 90도, 1'40", 130ml, 3회 분할, 1회차와 2회차에 비슷한 양을 추출함]
⇒ 무난한. 평평한 맛. 초콜릿류가 강한. 쓸쓸한.

[2번. 17g, 중간분쇄, 90도, 1'40", 130ml, 3회 분할, 1회차의 추출량을 많게 하려고 물줄기를 달팽이 모양으로 왕복 2바퀴 돌렸음]
⇒ 신맛 강해진. 한약 같은.

차이 나는 결과가 신기하다. 볼품없는 드립과 눈대중 계량의 오차를 감안하더라도 너무 극적이다. 첫째, 한약 같다고 똑같이 말했어도 〈커피라디오〉의 브레이드게이트는 단맛이, 2번은 신맛과 쓴맛이 우세하다. 동명이액(同名異液)이다. 둘째, 어찌 2번을 초콜릿 커피인 1번과 원두가 같았다고 생각하겠는가? 동두이액(同豆異液)이다.

커피는 맛이 강렬해서 좋다. 둔한 미각을 계발하기에 알맞다. 집중하자. 당분간은 커피와 놀아야겠다.

2013.10.20. 콩 한 알 땀 한 방울, 콩 한 알 땀 두 방울

세상 참 좋다. 인터넷 세상 말이다. 생두의 고향 풍경도, 원두로 변신하는 신비도, 커피로 태어나는 과정도 가만히 앉아서 알 수 있다. 생산자의, 로스터의, 바리스타의 고민이나 가치관을 공유할 수도 있다.

커피의 컵노트란 콩을 보살핀 사람들의 애정과 실력이 스며 영근, 나를 부르는 설렘이다. 한 알 한 알이 소중하다. 모두를 존중하는 마음으로 그들의 기다림을 마중해야 한다.

나는 주로 핸드드립용 원두를 선택했었는데 저들의 이야기가 있는 에스프레소 용도의 블렌딩 원두가 끌린다. 로스터의 생각을 담았다거나, 로스터리의 지향점이 제시되었거나, 소설의 특정 구절을 떠올릴 수 있다거나. 계절을, 한때의 기분을, 일상사를, 음악을.... 내 손으로 표현할 수 있을까?

2013.10.21.(月). 일컬

'으~워어얼 화아아 수우- 모옥 금 퇼. 으~워어….'

일주일의 체감 속도라고 합니다. 인터넷에서 보았어요. 남의 말이 아니네요.

　[잇찌 모:탈] [주마를] 이제는 작별해야
　기나기일 테엔데 이 워흐으으 요이일
　웃챠웃챠 힘내자 웃챠웃챠 웃챠챠

2013.10.21. 경찰의 날

[24g, 중간분쇄, 88도, 1'50", 180ml → 200ml]

〈칼디커피〉의 예가체프. 갓 내린 커피에서 진한 코코아가 느껴졌다. 물을 약간 더해서 마셨다. 온도가 내려가면서 설탕류의 단맛이 점점 드러났다. 과일 향은 뚜렷하지 않았다. 약하게 신맛이 있었다. 쓴맛이 살짝 걸렸다. 혀에 코코아가 쌓여갔다. 미지근할 때 보들한 바디감이 있었다. 스모키도 있었다. 다크 초콜릿으로 끝.

맛들이 끊어지는 것 같으니 다음에는 성분을 더 추출해야 좋겠다. 곧장 확인하고 싶지만 마지막 분량이었다. 아쉬우면서 은근 다행스럽다. 기대대로 안 되면 업된 기분 다운되니까.

진짜 끝.
+   +   +

기쁘다. 버리지만 않을 맛이면 다행이라 여기던 드립 실력인데 기본기가 다져졌는지 이제 더 맛있는 커피를 궁리하고 있다.

걱정이다. 발전적인 연구를 하지 않고 그저 먹을 만한 지금에 머물까 봐.

"기쁘고? 걱정이고? 아주 놀고 있네!"

누가 본다면 한마디 할지도 모르지. 나는 신경 안 써. 죄짓는 것도 아니고 남에게 피해를 주는 것도 아니잖아?

```
            +                  +        ++++++    +            +
    + + +++ +    +++++  +        ++    ++    ++++++++
    +++ + + +   +  +++++        +  +      +      +      +
 +++  + + +++   +      +        + + ++      +      +
            +                  +        ++    +    ++++++
```

<u>2013.10.22. 맑음</u>

  요즘 분위기가 괜찮더니 오늘은 '칼리타 드리퍼로 이렇게 드립하면 적어도 못 먹을 커피는 나오지 않겠구나.' 하는 통찰이 생겼다. 입문자에게는 더없이 용이하겠다 싶었는데 이미 칼리타 社에서 공식적으로 안내하고 있었다. 내가 찾은 방법과 비슷하게 말이다. (아무렴 나보다 낫겠지. 왜 이제야 나타난 거니?) 얼마나 우쭐했던지 칼리타 사장님께 알려드리면서 보답은 동 주전자 하나면 충분하다고, 본인은 재능 기부를 하고 귀사는 제품 홍보 차 협찬을 하면 상부상조임을 피력해야겠다고 생각했는데.

  칼리타 개발자는 神이다. 비단 칼리타만 칭송하는 게 아니다. 온 우주의 모든 제품 개발자들이 神이다. 이들 중 상용화에 성공한 이는 감히 神 중의 神이라 하겠다. 호응이 없어 퇴장한 개발자도 神의 재능을 가졌거나 노력과 끈기가 神에 다다랐으니 神과 진배없다.

  神의 방법을 홀로 찾았으면 또한 神이지 않을까?

아서라.
김샜다.
진작에.

> 추출의 기본은 커피에 대한 관심이다.
>
> 다음은 배려가 있어야 한다.
>
> 서로에게 발전이 보이면 좋겠다.

초수: 커피가 맛있든 맛없든 크게 개의치 않는다. 직접 해본다는 재미가 좋다. 하나하나 알아가는 과정이 흥미롭고 나아지는 모습이 대견하다. 타인의 이야기를 찾아보기도 하고 괜히 카페로 발길을 옮겨 궁금한 메뉴를 시켜보기도 한다.

경험이 누적되고 핸드드립 일련의 과정에 틀이 잡혀가면 변화가 적어지는 만큼 흥미도 줄어든다. 커피 생활의 외연을 확장하면서 눈높이가 높아지는데 자신의 커피가 생각처럼 안 되면 데면데면해진다.

중수: 배려의 중요성을 느낀다. 나는 나로, 상대방은 원두나 추출 도구로 생각하자.

자기 마음대로 요리하려 들다 묵묵부답 완강한 상대에게 실망한다. 다가가고 멀어지고를 반복한다. 비난의 화살이 나를 향하면 비로소 몰랐던 상대의 모습이 보이고 이해되기 시작한다.

고수: 나도 맛있고 남도 맛있는 커피로 발전한다. 상대를 있는 그 대로 인정하려고 노력한다. 무엇보다 나를 먼저 단련해야 하는 줄 안다.

의도치 않게, 자신도 모르게 아집에 빠질 수 있다.

다짐: 네모 안의 말을 차례로 초수, 중수, 고수에 대입하였다. 지금부터 나는 커피의 각종 변수를 분석하려고 한다. 가시적인 변화가 없어도 굳지 말기를. 계속 나아가 고수도 넘기를.

2013.10.23. 〈시우〉 쿠바 크리스탈 마운틴

[칼리타, 15g, 91도, 2'10", 110ml 추출 후 150ml로 희석]

장점: 쌉쌀한 다크 초콜릿. 코코아처럼 높은 밀도감. 한 모금 삼키면 이윽고 올라오는 단맛이 인상적이다.
단점: 아쉽게도 뭔가 향이 나려다 숨는다. 산미는 보이지 않고 살짝 과다 추출이다.
개선: 다음에는 수온을 낮추고 초반의 추출량을 늘려야겠다.
심상: 자갈이 많아 까칠한 산길이다. 오르막을 힘차게 걸으며 시원하니 맑은 하늘을 본다.

2013.10.23. 〈카페시우〉

9월 10일 이전의 어느 날이었다. 일행과 백운동에서 목욕을 하고 나와서 쉬었다 가자며 중간에 보았던 〈시우〉에 들러 커피를 주문하였다. 주인분이 핸드드립 도구들을 우리 자리로 가지고 오셨다. 잔을 예열할 때 말 붙일 기회를 잡아 핸드드립에 관심을 보였더니 "직접 드립해 보실래요?" 하셨다. 사양하며 "제가 내리면 커피 버려요. 전문가가 내려주셔야 맛있지요." 했다. 이야기를 들어보니 커피 수업도 하신다고. 그래서일까? 개방적이었다. 나는 드립 세트를 마련하려던 참이었기에 조언을 구하였고 구입을 의뢰하였다.

며칠 후 택배를 받았다. 원두는 주문하지 않았었는데 한가득히 함께 넣어주셨다. '서비스'라며. 덕분에 나의 도구로 만드는 나의 커피가 곧장 시작되었다.

+   +   +

오늘 상황은 이렇다.

칼리타 드리퍼 사용에 있어 득도(?)한 기분이 들어 10g, 12g, 16g, 20g을 연이어 드립하였다. 추출 시간이 1'45"~2'55"로 1분이 넘게 편차가 있었지만 모두 먹을 수 있는 커피가 나왔다. 이전의 습관이었으면 적어도 2'55" 커피 하나는 과다 추출의 쓴맛 때문에 버려야 했을 테다.

칼리타는 영점이 잡혔으니 멜리타와 고노와 하리오 드리퍼에 도전하고 싶어졌다. 어제의 삽질로 마음에 근육통이 심했고, 맨땅에 또 헤딩할까 두려웠기에 묘안을 냈다. 각 제품의 원두 사용량과 추출 방법을 알 수 있겠느냐고 〈시우〉에 까똑~.

마침 오늘 탄자니아를 볶았다며 몇몇 신선한 원두와 함께 사용법을 메모하여 보내주겠다고 까똑~.

커피를 시작한 뒤의 일상은 실험이라는 명목으로 〈시우〉에서 보내주신 좋은 원두들을 말아먹는 게 다반사였다. 그래도 개중 몇 번은 포텐이 터졌고 커피와 감상을 종이에 적어두었다. 그걸 〈시우〉에 말씀드려야겠다고, 아부하는 마음 27%와 순수하게 커피를 좋아하는 마음 73%를 감사한 마음으로 돌돌 싸서 보내드려야겠다고 생각했다. "커피 연습하면서 느끼는 것들, 변해가는 것들을 블로그에 자료로 남기고 있는데요. 덜 부끄러워지면 말씀드릴게요. ㅋㅋ"라고 마지막으로 까똑~.

2013.10.23. 〈시우〉 - 코스타리카 따라주 아마폴라 SHB

[칼리타, 15g, 90도, 2'20", 120ml → 150ml]

장점: 부드럽고 짙은 초콜릿, 우유, 크림, 높은 배전의 묵직함.
단점: 신맛과 쓴맛의 분화가 미비함, 날카로운 쓴맛이 혀 깊숙이 자극함, 과다 추출.
개선: 수온을 낮추고 초반 추출량을 늘리자.
심상: 비 오는 날이다. 잔잔한 음악을 들으며 무심히 떨어지는 빗방울을 바라본다.

[2013. 9. 16 칼리타, 15g, 88도, 1'50", 100 → 200ml]

약한 신맛에서 다크 초콜릿의 쓴맛으로 자연스럽게 이동한다. 한 모금 물어서 신맛을, 삼키고 쓴맛을, 기다리며 단맛을 즐긴다. 식으면서 맛이 더욱 분명해지고, 특히 단맛이 좋다. 다 식었을 때는 신맛, 쓴맛이 줄었으며 부드럽고 달달한 초콜릿의 향과 맛이 나고 매운맛이 있다. 잔의 비워진 공간에 캐러멜 향이 들어앉는다.

2013.10.24. 없어 보이고 싶다

〈보헤미안〉 하면 강배전, 강배전 하면 케냐 아닌가? 다른 로스터리의 커피에서 경험했던 포도 향을 기대하며 시작한다.

[칼리타, 15g, 가는분쇄, 87도, 2'20", 170ml]

얼마 전 중간분쇄로 드립했던 보헤미안 믹스보다 낮지만 아직이다. 경포대에서의 커피처럼 가득히 차는 바디감을 원하는데 32%쯤 표현된 것 같다. 보헤미안 믹스는 11%였다. 내가 내린 커피는 별다를 게 없어 간결하게 평하겠다.

'진하면서 부담 없는 커피, 경포대 커피. 진하면 부담스럽다,

나의 커피.'

수온을 90도 이상으로 올리는 등등으로 버릴 걸 각오한 과감한 실험을 못 하겠다. 다음에는 연습할 콩까지 넉넉하게 준비해야지. 100g씩 샀더니 소심하게 써도 금세 동난다.

2013.10.24. 뜸들이기에 전략적인 접근이 필요한 이유

카페 이곳저곳을 직접 가서 맛봐야 핸드드립에 관한 궁금증을 풀기가 수월하겠다. 그런데 상황이 여의치 않다. 이대로 손 놓고 있을 수 없어 인터넷으로 동영상을 찾아보았다.

뜸물에 커피빵이 소담하게 '하나같이' 부풀었다. 나를 거쳐 갔던 원두는 하루가 달랐다고 말하면 조금 그렇고, 일주일이면 분명 하나가 아니게 바뀌었다. 시간이 지나지 않았어도 콩에 따라 반응이 다른 경우도 있었다. 이런 나에게 안성맞춤일 영상이 뭐라고 검색해야 나올는지 몰라 갑갑했다. 여전한 필요성 때문에 '하나만 더 보자. 하나만 더.' 했다. 마우스 클릭을 점점 타격에 가깝게 하는 나를 발견하였다.

멈춤. 두 손을 내리고 작전 회의를 시작하였다. 마우스 휠 대신 머리를 굴렸고 동영상 대신 기억을 재생하였다.
+   +

뜸들이기를 하는 이유는 무엇인가? 물을 어떻게, 얼마나 부어야 하는가? 일반적인 답을 보자.

- 콩가루 내부의 가스를 빼낸다. 추출되기 좋은 상태를 만든다.
- 일정한 굵기의 물줄기를 빠르게, 가루 위에 얹듯이 붓는다.
- 뜸물의 양은 원두 무게의 두 배를 기준 삼고 가감한다.
  ex) 원두 20g에 뜸물 40g을 부음.

  로스팅 강도, 날짜 등이 익숙한 콩만 때때에 갖다 쓸 수 있으면 얼마나 좋을까? 현실은 아주 매우 정말 많이 골고루 다해양서 신기한 반응을 보이는 상황지까지도 만나게 된다. 마음을 활짝 열어두자. 피할 수 없으면 즐라기고 하였다. 여건을 수하용지 않을 수 없다. 받들아이고 극복할 방법을 궁구야해지!
+

  뜸들이기에서의 문제 상황과 개선하는 방법을 적어보았다. 플라스틱으로 된 칼리타 드리퍼를 사용하였다.

Q.1: 뜸물이 많다고 여겨진다. 세 개의 추출구 중 양 끝 두 개로
    물이 떨어진다.
A.1-1: 뜸물을 드리퍼의 중심부에 평소보다 많은 비율로 부어주
    면서 달팽이 모양을 그릴 것.
A.1-2: 중심부에는 물을 가루 속으로 넣는다는 기분으로 붓는다.
    주변부는 얹듯이 한다.

Q.2: 드리퍼 벽면을 보면 필터가 아직 고루 적셔지지 않았다. 그
    런데 추출구로 물이 똑똑 떨어진다.
A.2-1: 뜸물이 상대적으로 가운데에 집중되었기 때문일 테다. 달
    팽이를 그릴 때 초반의 속도를 더 빠르게 해서 바깥으로 물
    을 많이 준다.

A.2-2: 원두가 오래되어 가스가 적거나 너무 굵게 갈렸으면 드리
퍼 내에 머금어지는 물의 양이 적어진다. 뜸물의 사용량을
줄여야 한다. 물줄기를 가늘게 해야 하겠다. 조금씩, 천천
히 붓자.

Q.3: 물이 가루에 신속히 퍼져야 하는데 저항을 받아 측면으로 밀
려난다. 드리퍼의 하단 모서리가 유독 늦게 젖는다. 혹은 하
단이 다 젖기도 전에 물이 상단 측면으로 빠져나와 추출구로
떨어진다.
A.3-1: 빵이 많이 생기는 경우이다. 가운데에 많은 물을 붓도록
한다. '주변으로는 알아서 퍼지겠지.' 하는 마음으로.
A.3-2: 너무 가늘게 분쇄한 경우이다. A.1-2와 같이 물줄기의 압
력을 활용한다.
A.3-3: 가는 물줄기로 긴 시간 뜸물 붓기+뜸물 부족+추출이 끝날
때까지 가운데 추출구로는 커피가 나오지 않음=치명타 3
단 콤보. ⇒ 손목에 들어간 과도한 힘을 먼저 풀자. 이질적
인 방법인 푸어오버를 해봐서 확 부어도 잘만 하면 문제가
없음을 실감한 다음에 다시 시도하면 좋겠다.

Q.4: 빵이 비대칭으로 부푼다.
A.4-0: 뜸물을 고르게 부어야지! 멍청아!
A.4-1: 한쪽에 뜸물이 부족하다. 그쪽에 더 붓자.
A.4-2: 드리퍼 내부의 밀도 차이를 점검한다. 드리퍼의 한쪽 구석
으로 가루를 확 쏟아 담는 것, 가루의 상단 수평을 위해 흔
드는 것 등을 조심한다.

만약 지금 뜸들이기가 마음에 들지 않게 되었다면? 위의 설명이

아무리 요긴하더라도 다음번 추출에서나 써먹을까 당장 목전의 문제를 어떻게 하겠는가? (다음번? 다음번에는 뜻대로 될 것 같자?)-그러면 상황을 재빠르게 판단하여 본 추출인 1회차 주입에 변화를 주면 된다. 뜸들이기 단계의 부족했던 점을 보충할 수 있는 물줄기를 쓰면 된다. 이것은 나중에 적기로 한다.

+   +

 커피 추출 전반에 대한 경향이 파악되어야 답을 알았다고 생각하여 조바심을 덜 수 있겠다. 때문에 징검다리 밟듯 띄엄띄엄 보고 넘긴 영상인들 의미가 없지는 않았다. 뜸들이기 말고도 배울 게 태산이기 때문이었다. 같아 보이는 두 핸드드립에서 다름을 발견하는 건 보물찾기와도 같았다. 간접경험이 실로 실력으로 연결되고 있으니 노하우가 담긴 영상을 많이° 올려주면 좋겠다.

 오늘은 여기까지. 방전이 되기 전에 주의를 잘 전환하였다. 며칠 후에, 완충이 되기를 기다린 다음에 심화학습이 될 법한 검색어를 두드려 보아야겠다.

+   +   +

캠릿브지 대학의 연결구과에 따르면, 한 단어 안에서 글자가 어떤 순서로 배되열어 있는가 하는 것은 중하요지 않고, 첫 번째와 마지막 글자가 올바른 위치에 있는 것이 중하요다고 한다. 나머지 글들자은 완전히 엉진창망의 순서로 되어 있지을라도 당신은 아무 문제 없이 이것을 읽을 수 있다. 왜하냐면 인간의 두뇌는 모든 글자를 하나하나 읽는 것이 아니라 단어 하나를 전체로 인하식기 때이문다.

555.5.5. 핸드드립 영상과 실제 맛

'빵빵하게 부풀어 오르는 커피빵. 유려한 곡선의 물줄기. 수증기가 어두운 배경에 더욱 돋보인다. 차분하고 자연스러운 바리스타의 동작이 커피 맛에 대한 믿음을 키운다. 시계와 저울이 열일하면서 공지한 레시피가 완성된다. 서버의 커피를 잔에 담아 테이블에 놓으면 즉시 카메라가 화면의 중심으로 들인다.' (배경음악을 페이드 아웃(fade out) 함.)

유명한 사람의 시연이라면 '저 커피는 틀림없이 맛있을 거야.'라는 생각이 더더욱 든다. 어떨까?

핸드드립 커피를 제공하는 카페를 많이 다니자. 사는 곳 주변으로, 다른 지역으로 카페 투어를 가보자. 원두로든 추출로든 대회에서 상을 받았다는 곳을 포함시키자. 카페에서 경험하는 핸드드립 커피의 만족감 그 연장선 어디쯤에 영상에서의 커피가 있겠다.

'이 커피가 좋고 저 커피는 별로라면? 좋았던 커피 기억에 다시 찾은 카페인데 실망했다면? 어째서인가? 어떤 차이가 있어서인가? 주요 원인이 커피에 있는가? 자신에게 있는가?'

화면으로 만나는 커피가 어떨지 확률에 기반하여 추측하기 위해서는 알아야 한다.

1. 좋은 커피의 정의.
2. 좋은 커피가 만들어지는 조건.
3. 좋지 않은 커피의 유형.

4. 변수에 따른 맛의 차이.
5. 원두에 대한 정보.

.

.

.

2013.10.24. 칼리타의 추출 속도 - 미분의 역할

먼저는 리브나 추출구 등 형태적인 요소가 추출 속도에 미치는 영향을 추리하였다. 이번에는 필터 내부를 상상해 본다. 콩을 갈고 담고 추출하는 과정인데 특히 미분에 집중한다.

* 추출 속도를 빠르게 하는 요소
굵은 분쇄, 균일한 분쇄(=적은 미분), 수분함량이 높은 원두, 높은 수위, 낮은 수온, 가스가 적음 등등.

* 추출 속도를 느리게 하는 요소
가는 분쇄, 불균일한 분쇄(=많은 미분), 수분함량이 낮은 원두, 낮은 수위, 높은 수온, 가스가 많음 등등.

굵게 갈아서 낮은 수온, 높은 수위로 드립하면 추출 속도가 아주 빠르다. 똑같이 굵게 갈고 수위만 낮추면 그만큼 추출 속도가 느려진다. 이처럼 추출에 영향을 미치는 요소를 나열하고 상관관계를 분석하면 유효한 조합이 여럿 나오겠다.

균일한 분쇄가 가능하다면 가늘게 분쇄하여 생기는 추출 지연을 상쇄할 수 있다. 미분이 많으면 필터에 진흙을 바르는 것이나 다름없으니 그라인더가 좋은 만큼 효과가 크겠다. 상황이 이러하기에 미분은 부정적인 요소로 보인다. 오늘의 주제는 '내 편이 된 미분'이므로 이제 할 말을 하겠다.

저성능의 그라인더로 콩을 갈면 입자의 크기가 들쭉날쭉하고 미분이 많다. 미분을 줄이고자 분쇄도를 굵게 하면 파편이라 부를 큰 덩어리가 나와서 갈았는지 빻았는지 모를 지경이 된다. 그라인더를 바꾸는 것 말고는 방법이 없을까? 미분이 도대체 얼마나 나쁠까?

미분 때문에 과다 추출이 심해지고 잡미도 많아진다. 간혹 물 빠짐이 멈춘다 싶게 필터를 막기도 한다. 이래서 미분이 싫었지만 지금 나는 변호한다, '미분이 최소한의 주제 파악은 한다.'라고. 드립 방법을 바꾸어 미분을 끌어안았다. ♡

이미 말했듯 미분은 물을 타고 필터 표면으로 가서 자리 잡는다. 굵은 입자가 선점해 있더라도 틈새로 더 가는 입자가 들어갈 테니 시간이 갈수록 필터에서 가까운 차례로 미세한 입자부터 점점 굵은 입자로 겹겹의 층이 만들어진다고 하겠다.

한편으로 생각해 보면, 필터 표면에 가까이 자리한 미분일수록 새로 투입되는 물을 적게 만나게 됨은 당연지사다. 드립하는 물줄기로 필터 표면의 미분을 씻어내지 않는 한 위의 설명처럼 미분 층이 생기면서 상당량의 미분이 가두어지기 때문이다. 미분과 물의 접촉이 줄어드니 과다 추출이 감소되는 효과가 생긴다.

미분 때문에 추출 속도가 지나치게 지체된다면 어찌해야 할까? 수위를 높이면 된다. 커피가 여과되는 면적을 넓히는 동시에 미분층의 두께를 얇게 만들 수 있다. 만약 수위를 높여도, 예를 들면 '원두 1g당 커피 10ml 추출'이라는 임의의 목표량을 채우기 어려울 정도로 미분이 많다면 어떻게 하는가?

1. 1회차 주입의 물을 최고 수위까지 신속히 붓는다. 필터에 가능한 한 넓고 고르게 미분을 퍼뜨려서 추출지연을 최소화시킨다. 높은 수온을 쓴다.
2. 수온을 낮춰서 물과 가루의 반응성을 약화시킨다. 커피 성분이 충분히 나와야 하므로 드립하는 시간이 길어져야 하겠다.
3. 원두의 양을 줄인다. 미분의 양 자체를 제한하는 방법이다.

'자기가 가야 할 곳으로 미분이 알아서 간다.'

내가 내린 결론이다. 미분의 의지를 따르자. 드리퍼 안에 물을 돌고 돌게 만들면 늦게까지 물과 함께 도는 것은 상대적으로 굵은 입자이다. 드립을 끝내고 필터를 엎어 가루를 덩어리째 분리하든가 아니면 필터를 조심스레 찢어서 필터와 접했던 부분을 확인해 보자. 덩어리를 갈라서 안과 밖을 비교해 보자. 크기별 입자 분포를 살펴보면 미분에 호감이 생길지도 모른다.

이 정도면 변론이 충분할까? 2차 변론이 남았는데 만약 미분의 문제가 해결되지 않는다면 콩 살 돈을 얼마간 모아야 하G. 더 좋은 그라인더를 사야G.

555.5.5. 겹이 진 미분 층과 과다 추출

미세한 미분은 굵은 미분 뒤에 있기 때문에 투입된 물과 덜 만나고 과다 추출이 제어된다는 말에 반신반의할지도 모르겠다. 뇌피셜을 인용하여 보다 세세하게 내용을 풀고 마지막에 중요한 한 가지를 붙인다. 미분 층을 얇은 막으로 생각해 보자. 이해를 돕기 위해 색종이로 비유를 든다.

빨간색 색종이가 가장 미세한 미분으로 이루어진 층이다. 굵기대로 빨, 주, 노, 초 네 장의 색종이가 겹쳐져 있다. 먼저 제일 굵은 미분의 막인 초록색 색종이로 물이 통과할 때 물은 모든 면에 골고루 지나가지 않는다. 가루의 결착이 상대적으로 약한 부분에 더 많은 물이 지나갈 것이다. 노란색에서도 초록색과 마찬가지로 가루의 결착이 약한 부분으로 물의 흐름이 많아지고 여기가 물길이 된다. 다만 초록색에서 결착이 강했던 부분 바로 뒤편의 노란색 부분은 설사 성글어도 물길이 생기지 않을 것이다. 모습 그대로 앞에서 물을 막고 있기 때문이다.

같은 방식으로 물이 주황색을 지나고 빨간색을 지나게 된다. 물의 흐름이 강한 곳일수록 미분이 많이 옮겨지고, 자연스레 그 길은 막히게 된다. 이렇게 한쪽이 느려지면 흐름이 강한 다른 쪽으로 미분의 이동량이 많아진다. 물이 먼저 흐른 곳부터 차례로 미분이 가두어지는 효과가 생긴다고 하겠다. 미분 층이 생기도록 드립을 하면 물과 미분의 만남이 줄어든다는 말을 이해할 수 있을 것이다.

가장 강했던 물길이 막히면 다음 물길로 미분이 이동한다고 하

114

여 차례가 있는 것으로 적었으나 심화 연구를 진행한 뇌피셜 자료에 의하면 '여러 갈래의 물길이 속도가 다르게 동시에 막힌다.'라고 한다. 5갈래 물길의 속도 변화를 잰 결과를 허락을 받아 공유한다. 물길 흐름의 최대 강도를 20, 최저 강도를 0으로 하였으며 25초마다 측정하였다고 한다.

[갈래1 : 20 - 16 - 12 - 9 - 7 - 5 - 4 - 3 - 2 - 1]
[갈래2 : 17 - 13 - 10 - 7 - 5 - 4 - 3 - 3 - 2 - 1]
[갈래3 : 14 - 11 - 8 - 6 - 5 - 4 - 3 - 2 - 2 - 1]
[갈래4 : 11 - 9 - 7 - 6 - 5 - 4 - 3 - 2 - 1 - 1]
[갈래5 : 8 - 7 - 6 - 5 - 4 - 3 - 2 - 1 - 1 - 0]

예를 하나 더 들어서 색종이의 비유를 보충하겠다. 샤워기를 틀어놓고 오른손을 쫙 펴서 물 아래에 두면 손가락 사이로 많은 물이 지나가고 손바닥 아래로는 피부를 타고 흐르는 물만 떨어지게 된다. 오른손 아래에 왼손을 두고 손가락을 이렇게 저렇게 붙이기도 하고 떼기도 하고 위치도 바꾸면서 물의 흐름이 어떻게 바뀌는지를 관찰하자. 오른손 손바닥 아래에서는 왼손 손가락을 아무리 넓게 벌린들 여기로 지나는 물의 양은 적다.

과다 추출이 제어되는 다른 이유이다. 드립 포트에서 막 나온 물은 가장 깨끗하므로 가루와의 반응성이 최대이다. 이 물은 처음 닿는 가루에서 가장 많은 커피 성분을 녹이게 된다. 초록색 색종이와 반응한 물이 노란색 색종이를 만나는 때에는 반응성이 약해져 있게 된다. 주황색을 거치고 빨간색에 오면 반응성이 얼마나 남겠는가? 커피 성분을 얼마 녹이지 못하고 통과하게 될 것이다. 빈 버스가 출발하여 정류소에서 승객을 태우는데 이미 만석이 되었다면 다음 정류소에 승객이 있어도 태울 수 없는 것과 같은 이치이다. 그러므로 설령 미세한 미분이 굵은 미분과 똑같은 양의 물을 만난다고 해도 두 물은 같은 물이 아니기에 과다 추출이 제어된다.

(p.s. 미세한 입자로 이루어진 층일수록 추출수가 일방통행해야 한다. 큰 입자 층은 영향이 적다. 공유 허락을 늦게 받았다.)

2013.10.25. 2차 변론 – 추출 **도우미분**

내겐 두 가지 초보적인 모습이 있다. 하나는 부족한 실력으로서 물을 가루에 골고루 붓지 못하는 것이고, 다른 하나는 부족한 도구로서 균일도가 떨어지는 그라인더와 물 조절이 뜻대로 되지 않는 드립 포트를 쓰고 있는 것이다. (장인어 연장 탓을 하지 않는 건 이미 명품을 쓰고 있기 때문이라더라.)

미분을 활용하면 보급형 그라인더의 단점을 보완할 수 있다. 이전에 언급했지만 중요하니까 중언부언하겠다.

"드리퍼 내부에 미분 벽을 만들어야 한다."

드리퍼 상단에서 하단으로, 정확하게는 물 빠짐이 활발한 곳부터 약한 곳까지 미세한 입자가 나뉘어 가서 붙는다. 따라서 추출이 진행되는 동안에는 미분 막이 계속 조밀해진다고 하겠다. 댐(=그릇)의 완성도가 추출의 성패라고 보아도 무방하다. 즉석 댐으로 만드는 3분 커피이다.

116

실제의 그릇은 손으로, 미분 그릇은 물줄기로 빚는다. 필터에 붙은 미분을 물줄기로 직접 떼지만 않으면 되니 빚는다는 근사한 표현이 무색할 만큼 마음 편히 드립할 수 있다. 서버로 떨어지는 커피의 양을 보아서 투입하는 물의 양을 조절하는데, 드리퍼를 넓게 쓰지 말고 가운데 위주로 좁은 범위에 물을 부으면서 가루가 뒤섞이도록 만든다. 클레버 같은 브루잉 도구를 쓸 때는 원두와 물을 넣고 막대로 저어준다. 여기 막대의 역할을 물줄기가 맡는다고 생각하면 되겠다. 단, 물줄기로는 젓는 게 아니라 드리퍼 내에 와류를 만드는 게 핵심이다. 미분 층을 자극하면 안 된다.

1. 붓는 물의 최소 수량은?
 1) 계획한 추출량이 원하는 시간 안에 나오도록.
 2) 물 주입 회차별로 추출량이 일정하거나 점차 줄어들게.

2. 최대 수량은?
 0) 드리퍼에 넘치지 않게.
 1) 미분 벽이 유지되거나 점점 밀밀해지게.
 2) 미분 벽이 온전할지라도 가루가 듬성하면서 큰 입자로 울퉁불퉁한 모습이면 수위가 너무 높았다고 판단한다. (수위≒수량)

 미분이 많으면 연금술아 아니고선 깔끔한 맛이 덜할 수밖에 없다. 그래도 푸어오버 드립 방법과 함께라면 미분은 물을 편하게 부을 수 있게 도움을 주는 추출 도우미이다. 2차 변론 끝.

2013.10.25. 계량 스푼의 용량

1팝 끝나기 전 (시나몬) : 15g
1팝 후 휴지기 (하이+) : 12.5g
2팝 절정 (시티+) : 12g

 같은 생두로 로스팅 포인트를 다르게 볶은 코스타리카 콩을 하리오 계량 스푼에 깎아 담고 무게를 잰 결과가 위와 같다. 차이가 꽤 난다. 약배전에서 유난히 폭이 커짐을 기억해야겠다. 참고로 멜리타는 8g, 칼리타와 고노는 10g이다. 하리오는 12g인데 8g, 10g이 되는 깊이를 추가로 표시하고 있다.

 어쩐지 한 봉지를 철저히 계량해 먹었어도 계획한 횟수를 채우지 못하더니. 덜 담아 준 줄. 부피가 같을 때 밀도가 높으면 질량이 더 크다. 학교 다닐 때 배웠지. 약배전, 적용하겠어.

2013.10.25. 〈체리빈커피〉홈 딜리버리 2종

 〈칼디커피〉가 〈체리빈커피〉로 이름을 바꾸었나 보다.
 〈델라카사〉에서 주문한 커핑 스푼이 왔다. 기념이다. 오랜만에 커핑을 하기로. ('커핑'이라 쓰고 '커핑 볼에 브루잉해서 먹는다.'로 이해한다.)

 미각이 많이 예민해졌다. 물을 부은 후에는 안티구아 가루에서의 강했던 스모키를 찾지 못했지만 그래도 두 커피 모두 전반적으로 맛이 더 분화되어 다가왔다. 커핑 스푼의 영향도 있겠다.

 시다모는 블루베리가 전체를 아울렀고, 안티구아는 너트류의 고소함 혹은 구수함을 깔고서 맛이 전개되었다. 시다모는 초반이, 안티구아는 중후반이 인상 깊었다.

 18분의 시다모는 오늘의 하이라이트였다. 블루베리 위에 견과류의 고소함이 올려져 있었다. 나는 콘 아이스크림을 들면 토핑된 견과류를 다 떼어 먹고 몸체로 넘어가는 습관이 있는데 다음에는 통째 한입 물어야겠다고 생각했다. 오늘의 묘미 때문이었다.

 커핑 결과는 다음과 같았다.

[12g, 가는분쇄, 94도, 200ml]

시간	에티오피아 시다모G3	과테말라 안티구아
0	꽃향기. 너티. 코코아.	스모키. 너티. 초콜릿.
~15	은은한 향기. 떫은(dry).	견과류. 떫은.
~18	견과류. 블루베리.	단맛. 신맛. 향기. 초콜릿.
~21	짠맛.	너티 강함.
~24	가벼운. 블루베리 향이 강함.	까끌한. 신+단맛 → 향기있는.
~28	짭조름함. 소금+단맛.	구수한. 신맛 비중 증가.
38분만에 종료. 이후로 큰 변화 없음.		

아침에 중간분쇄로 드립한 시다모의 실패한 맛이 생각났었다. 혹시나 하는 마음에 가는분쇄로 커핑을 계획했다. 잘했다. 드립 커피도 좋아질 테니 블루베리 주스 만들기에 도전해야지. 딱 한 번이지만 〈시우〉에서 얻은 시다모로 경험했었기에 성공 100%를 예상한다.

2013.10.26. 싱글도 블렌딩이다

생두가 원두로 변하는 과정을 보고 싶었다. 팝핑 소리도 궁금했다. 같은 생두를 다른 로스팅 포인트로 볶아서 외형이나 맛의 차이를 체험하고 싶었다. 문의를 하였고 방문을 허락받았다. 인터넷으로 ~~학생 때는 게을렀던~~ 예습을 하였는데 약속한 날짜가 다가오고 있어서 그런지 더 관심 있게 살펴졌고, 이 과정에서 커피 전반에 대한 이해도가 높아졌다. 모두 덕분인 듯 고마운 마음을 안고 갔다. 〈델라카사〉였다.

로스터 옆에서 관찰했다. 팝핑은 한순간이 아니라 이어지면서 일어났다. 최고조에 해당하는 때의 앞뒤로 총 1분이 넘게 툭툭 터졌다. 식은 원두를 확인해 보니 팝핑 시간으로 유추할 수 있듯 어떤 것은 주름이 생기지도 않았고, 어떤 것은 주름이 펴졌고, 어떤 것은 자글자글했다. 로스팅이 진행될수록 원두의 색감이 어두워진다는 또렷한 변화가 있지만, 1팝을 완전히 지나 휴지기에 배출한 원두도 그렇고 2팝 절정의 원두도 마찬가지로 상대적으로 밝고 어두운 콩이 섞여 있었다.

커피에서 '펼쳐진' 맛이 나는 건 콩이 '폭이 있게' 볶였기 때문이다. 이 얼마나 당연한 소리인가? 그래서 싱글 원두도 블렌딩이다. 로스팅을 하면 한 알 한 알이 다 똑같은 상태로 나오는 줄 알았었다. 나는 그동안 숱하게 커피를 준비하며 원두가 아닌 무엇을 보았단 말인가? 예습 때는 무얼 한 것이며? 한 줌 원두에서도 빤한 각양각색이 이제야 눈에 들어오다니. 나는 단순한 사람이 아닌데 이번에는 좀 단순했다. 어쨌든 알았으니 됐다. 나무에 열린 쌀 따러 가자는 말은 안 하겠다.

2013.10.26. 드립과 빨래 비교

분할 추출의 효과를 이해하기 위하여 핸드드립을 손빨래와 비교한다. 비누칠한 손수건을 헹구는 4가지 유형이랑 각각에 해당하는 핸드드립을 살핀 후 추출의 실제를 찾는다. 수도꼭지에서 나오는 물은 드리퍼에 붓는 물이고 비눗기는 추출해야 할 커피 성분이다.

1. 손수건 빨기
 1.1) 대야에 물을 떠놓고 한 번에 헹군다. 대야가 크면 좋겠다.
 1.2) 수도꼭지에서 나오는 물에 바로 헹군다. 물이 닿는 손수건의 위치를 계속 바꾸어야 한다. 물을 너무 조금 틀면 헹구는 시간이 길어질뿐더러 비눗기를 고르게 씻기 어렵다. 많이 틀면 비눗기를 충분히 없앨 수 있지만 낭비되는 물이 많을 것이다.
 1.3) 수도꼭지에서 헹구되 중간중간에 꼭꼭 짠다. 손수건에 물이 가득 머금어지면 곧바로 짜도록 한다. 수도꼭지를 잠그

고 손수건을 짠 다음 다시 트는 식이면 사용하는 물이 가장 적겠다.

1.4) 물을 틀어놓고 대야에서 헹군다. 대야가 작아도 되겠다.

2. 핸드드립

2.1) 대량의 물로 한 번에 추출을 끝낸다. 드리퍼의 크기가 넉넉해야 한다.

2.2) 소량의 물을 계속 부으며 드립한다. 소심한 물줄기도 낙낙한 푸어오버도 피해야 한다.

2.3) 물을 붓고 충분히 기다렸다가 다시 붓는다. 핸드드립에서는 손수건을 짜는 효과를 낼 방법이 없긴 하다. 하지만 이론적으로 가장 안정적인 방법이라 생각되므로 쓸모가 있을까 하여 적어둔다.

2.4) 드리퍼에 물을 붓고 수위가 낮아지면 수시로 첨수한다. 2.2)의 푸어오버 형태로 생각하면 되겠다. 드물지 싶다.

3. 추출의 실제

3.1) 침지식 방법. 프렌치 프레스 등.

3.2) 여과식 방법. 칼리타 등등 각종 드리퍼.

3.3) 여과식. 긍정적인 효과가 있을 것 같은 예.

3.4) 푸어오버. 긍정적인 효과가 덜할 것 같은 예.

4. 외전

1) 나는 아직 핸드드립을 많이 모른다. 추출에 대하여 바르게 알고 있다면 내 커피의 맛이 이렇게 #&%♪♫@ 같을 리 없지. 그래도 손빨래와 핸드드립을 연결 지은 덕에 당장 커피가 나아졌다.

2) 2.3)을 분할 추출로 치면 '2.2) + 2.3) = 보통의 드립'으로, '2.4) + 2.3) = 푸어오버'로 볼 수 있겠다.

3) 이렇게 나처럼 혹은 나보다 더 통찰하여 이익을 얻는 사람이 있을 것이다.

4) 나는 손빨래를 할 때 수도꼭지를 조금만 열고 먼저 1.3)으로 비눗기를 최대한 제거한다. 비눗기가 연해지면 1.1) 한두 번으로 이물질까지 헹구어 마친다. 이 말 왜 하지?

555.5.5. 오달지는 인내

최소한의 물로 손수건을 빨려면?

이상적인 이론과 가깝게 펼쳐가는 현실일수록 그것이 최선의 삶이다. INFP-A 유형답게 나의 생각을 이야기하겠다. 즐거운 마음으로 머리를 굴려보자. ~~(치매도 예방하고.)~~

"소량의 물을 담은 대야에 비누칠한 손수건을 넣고 조몰락조몰락합니다. 손수건을 최대한 짜고 물을 비워요. 다시 대야에 소량의 물을 담아서 헹구고 짜기를 반복합니다. 이보다 더 나은 방법이 있을까요?"

여기에 부합하는 핸드드립은 점드립 혹은 신점드립이다. 숙련자가 아니라면 쉽지 않겠다. 중력뿐인 물로써 커피 에센스를 가루 사이사이로 정교하게 이끌어야 하니 이론적으로 얼마나 어렵겠는가? 상업용에 준하는 그라인더가 없으면 미분과 커피 에센스의 결착력이 상상 이상이 되니 흐름을 트려면 인내심까지 여간 필요한 게 아니다. 현실에서는 분쇄도를 굵게 하여 흐름을 돕는다.

물이 부족한 때에 빨래를 해야만 하는 경우가 아니라면 저 최선의 방법은 쓰기가 귀찮겠다. 혹 인내심 좋은 게 천성이더라도 핸드드립에서는 과다 추출이 두려워 시간을 마냥 쓸 수도 없다.

나도 인정할 건 인정한다. 답 없는 말을 계속하고 있다는 것을. 하지만 당장 현실에 써먹을 수 있는 게 아니라고 해서 합리적인 이론을 송두리째 폐기하는 건 현명한 처사가 아니다. 만약 자신이 빠르게 추출을 끝내는 유형인데 맛에 만족하지 못하고 있다면 이미 갖고 있는 빠름에 분할의 느림을 조합해 보자. 예를 들어, 3회 분할로 2분 만에 추출을 마친다면 분할하는 사이를 10초씩 더 길게 가져가서 2분 30초에 드리퍼와 서버를 분리하도록 한다. 인내의 달콤함이 커피에 담기리라.

방법을 여러 가지로 계획하고 실행하고 확인하자. 수온을 낮추거나 높이고, 분쇄도를 가늘거나 굵게 조정하고, 추출 시간을 줄이거나 늘리고, 분할 횟수를 더하고 빼면서 변수를 조합해 보자. 적정 수율과 좋은 밸런스를 목표로 맛을 보아 선택하자.

+   +   +

변수 각각의 상관관계를 맛으로써 파악할 수 있어야만 때때에 맞게 핸드드립을 변용할 수 있어요. 어렵게 여기지 말고 실험을 시작합시다. 변수의 수치를 엉뚱할 정도로 넓게 설정하면 맛의 차이를 감지하기 좋아요. 차이가 확실히 느껴지는 지점에서부터 변수의 폭을 좁혀가도록 해요. 이렇게 계속 나아가다 보면 변화가 미미해지면서 더는 변수의 폭을 좁히는 게 무의미한 때가 옵니다. 여기까지 하였다면 이제부터는 유의미한 범위의 변수들로써 여러분의 커피 스타일을 만들면 된다고 믿어요.

저는 오달지드립을 설파하지만 실상 여러분도 여러분의 방법을 갖도록, 다르지 않은 과정을 거치리라 생각하여 번거롭고 난해하여도 세세히 변수 조절의 예시를 말씀드립니다. 부족함이 느껴지는 자신의 커피를 얼마나 개선할 수 있을지 다음을 참고하여 실험해 봅시다. 화이팅!

1. 수온을 통제 변인으로 (드립 포트의 물을 재가열하지 않음.)
    1) 낮은 수온 → 굵은 분쇄 + 긴~ 시간
    2) 낮은 수온 → 가는 분쇄 + 긴 시간
    3) 높은 수온 → 굵은 분쇄 + 분할 많이(≒긴 시간)
    4) 높은 수온 → 가는 분쇄 + 짧은 시간

2. 추출 시간을 통제 변인으로
    1) 짧은 시간 → 가는 분쇄 + 추출량 많이
    2) 짧은 시간 → 굵은 분쇄 + 분할 많이(≒끊어짐 없는 점드립)
    3) 긴 시간 → 가는 분쇄 + 추출량 적게
    4) 긴 시간 → 굵은 분쇄 + 분할 사이의 기다림을 길게

3. 분쇄도를 통제 변인으로
    1) 가는 분쇄 → 낮은 수온 + 짧지 않은 시간
    2) 가는 분쇄 → 높은 수온 + 수위 높게
    3) 굵은 분쇄 → 낮은 수온 + 긴~ 시간(스타카토 물줄기로 추출)
    4) 굵은 분쇄 → 높은 수온 + 분할 많이(≒추출량 적게)

+

많은 사람들이 원두를 최우선인 통제 변인으로 삼지 않나 생각합니다. '약배전일수록 가늘게 갈아야 한다.' '강배전은 수온을 83~88도로 한다.' 이와 같은 말을 들어보았거나 듣게 될 것입니다. 지금 들으셨습니다. 약배전을 굵게 갈아서 긴 시간 추출하는 걸 본 적이 있는가요? 같은 원두를 가늘게 분쇄하되 수온 90도 아래의 물로 추출하려면 어떻게 해야 할까요?

제가 원두커피라는 걸 접한 초기에는 건강이 좋지 않아 커피의 품질을 지금보다 더 까탈스럽게 따졌어요. 아닌 걸 먹으면 목이 아팠거든요. 그런 제가 앞의 두 가지 방법을 혼용하는 〈초운재〉의 커피를 매번 감탄하며 마셨습니다. 당시에 그분의 핸드드립을 같은 콩으로 따라 해보았는데 두 모금을 넘기지 못했어요. 사람의 실력이 얼마나 결정적인지를 보여주는 단적인 예입니다.

저는 현재 제게 특화된 방법이 있으니 저 때 본 드립을 연습하지 않습니다. 다만 빈속이거나 추운 날에 커피를 마시고 싶을 때는 흉내를 내요. 넘사벽인 이점이 있거든요.
++

지금은 인내를 말하는 시간이다. 정신 차리자. (정신줄 나와라 오버!)

오달지드립은 휴지기 후반 이전의 콩, 되도록 약배전에 특화되어 있음을 알린다. 끓인 물을 드립 포트로 옮기고 뚜껑을 닫아 쓰는 높은 수온을 고정된 변수로 하고 있다. 분쇄도는 되도록 가늘게 하는데 뜸물이 아래로 원활히 번져가지 않으면 지나치게 가늘다고 판단한다. 여기까지 조절이 되었으면 추출 시간과 추출량은 때의 흐름에 맡긴다.

또 하나의 통제 변인이 있다. 위의 조건에서 추출되는 커피가 드리퍼에서 서버로 방울져 떨어져야 한다. 주르륵 줄기로 떨어지는 커피면 십중팔구 별로였다. 만약 후반부로 가면서 추출량이 많아지는 유형이라면 십중구십 별로였다. 물을 어떻게, 얼마나 부어야 하는지 연구해 보자.

최근에는 오달지드립을 최저수위로 하고 있다. 전에는 낙하하는 물방울의 반작용으로 커피가 가루와 함께 드리퍼 밖으로 튀었었다. 이게 없어졌다. 청소 거리가 줄었다. 굿:) 투입하는 물의 양을 줄였으니 추출량도 따라서 줄었다. 낮아지는 수율을 되돌리기 위하여 가는 분쇄와 높은 수온을 쓰는데 지금 지내는 곳은 물의 tds가 낮다는 점을 고려한 선택이다. 3회 분할은 고정이다. 추출 시간은 충분히 길다. 물 주입 사이를 멀찍이 떨어뜨려서 시간을 끈다. 기다림으로써 손수건을 꼬옥 짜는 효과를 낸다. 추출량이 적어졌어도 추출 시간은 줄어들지 않았다는 점 명심하자. 어떤 원두에서는 오히려 더 늘어났을지도 모른다.

1회차 주입이 가장 중요하니 신경을 많이 써야 한다. 떠는 듯이 힘주어 드리퍼를 흔들면서 가루 덩어리가 풀어지는 속도에 맞추어 물을 부어야 하는데, 은근 진행이 느리므로 인내가 필요하다. 커핑의 브레이킹 단계에서 크러스트를 스푼으로 건들면 가루가 가라앉으면서 분리되듯 밝은 거품이 뜬다. 이와 같은 거품을 볼 수 있는 방법과 시간으로 1회차 주입을 해야 한다. 드리퍼 상단 가장자리 가루의 건조함까지 다 풀어지는 높이가 최저수위이다. '드리퍼를 흔들면서 물을 붓는다.' 적절한 시간, 방법을 찾아보자.

서버로 띄엄띄엄 떨어지는 방울방울이 더 띄엄띄엄 떨어지기를 기다려 2회차 물을 붓는다. 드리퍼를 고정하고 붓는 3회차도 마찬가지이다. 드립하는 때때에 인내가 필요하다.

+++

인내인내인내인내인내인내인내인내인내인내인내인내인내
인내인내인내인내인내인내인내인내인내인내힘인내인내인내
인내인내인내감내인내인내인내인내인내인내인내인내인내저장.

555.5.5. 수용성 기름 추출하는 방법

왠지 모르게 여름에는 아메리카노를, 겨울에는 라떼를 찾게 되는 게 몸의 영향이 크다. 〈초운재〉에서 '커피는 본래 냉성인데 수용성 기름을 많이 추출하면 열성이 보태어진다.'라고 들었다. 몸이 차가워지는 걸 방지한다는 말이다. 매우 예민한 내가 실제 느끼기로도 맞는 말씀이다. (약성에 관한 설명은 없었지만 〈송성봉 커피〉에서도 비슷한 방법으로 내린 커피를 기분 좋게 마셨다.)

방법이다. 원두를 굵게 갈고 높지 않은 물 온도를 쓴다. 3분 넘게, 드리퍼에 골고루 물을 붓는다. 투입하는 물의 양과 추출되는 커피의 양이 실시간으로, 처음부터 끝까지 일정하게 유지되도록 한다. 이해를 돕기 위해 극단적일 수도 있는 예시를 들어본다.

드리퍼에 머금어지는 물의 양이 40g이라고 가정하자. 이 상태에서 물 1g을 투입한 후 1g이 추출되면 다시 1g을 투입하는 식으로 끝까지 드립한다.(≒점드립) 10g을 투입하고 10g이 추출되기를 기다린다면 중간에 끊어지는 시간이 길어지게 되고, 이런 커피는 냉성이 증가한다. 분할을 하지 않는다는 생각이 좋다. 122쪽에 있는 2.2)의 정교한 버전이라고 할 수 있겠다.

+   +
+   +

커피의 수용성 기름은 논란의 여지가 있습니다. 과학적인 글을 보았었는데 다시 찾기가 어렵네요. '기름'이라는 단어 자체가 저의 착각일 수 있습니다. '성분'이 맞을지도 모릅니다. 꽤 시간이 지나서 기억이 가물거리네요.

대화 내용의 정확성과는 상관없이 임상은 틀림이 없습니다. 서버로 방울방울 천천히 커피가 모이는 경우, 드리퍼에서 떨어진 커피 방울이 서버의 커피 위에 동그란 모양 그대로 뜨고 굴러가는 모습이 많이 보일수록 열성이 좋습니다. 아, 맛에서는 원두 종류와 별개로 몽글거리는 질감이 도드라집니다. 저도 제가 들었다는 기억을 믿지 못합니다. (앗... 아아....) 말들은 상관하지 말고 실제로 드립해서 확인해 봅시다.

아시지요? 누구도 책임질 수 없습니다. 블랙커피를 더 좋아하는데 몸이 차가워지기 때문에 설탕이나 우유를 넣고 있다면 실험해 보십시오. 저의 경우 쌀쌀한 날에 공복이기까지 하면 블랙커피는 아예 피하는데 가끔 간절할 때가 있었고, 유용했습니다.

수용성. 제 의견은 '호(好)'입니다.

2013.10.26. 〈체리빈커피〉에티오피아 시다모 G3

지난 커핑에서 강렬했던 블루베리를 핸드드립으로 뽑는 실험.

[1차. 13g, 가는분쇄, 94도, 시간 놓침, 170ml]

좋은 향이 약하다. 살짝 과다 추출 된 듯하다. 본래 목표한 추출량이 150ml였으니 더 나온 20ml가 마음에 걸린다. 목표대로였다면 맛이 어땠을까 하는 아쉬움과 계획을 세우면 뭐 하냐는 자책성 비판 등 여러 생각들이 범벅된다.

'하긴, 뜻대로 되지 않은 게 하루 이틀도 아니고. 괜찮아.'

금방 진정되었다. 다시 맛본 커피에서 묘한 매력이 느껴진다. 미래로 눈을 돌린다. 이 커피, 실룩이려는 입꼬리를 혼내면서 단정한 분위기로 어찌어찌 말을 잘하면 껌뻑 넘어올 사람이 몇 있을 것 같다.

"high-end(최고급) grinder(분쇄기)로 갈아서 정성스럽게 핸드드립한 이 커피는, 은은하게 퍼지는 블루베리의 향을 즐기다 보면 nice한(좋은) 커피에서나 느낄 수 있는 bittersweet(달콤쌉쌀한)함이 after taste(후미)로 잔잔하게 이어집니다.
본 premium grade(프리미엄급) high quality(최상의) specialty(스페셜티) coffee bean(원두)은 저희가 전량 단독 수입하였기에 여기에서만 만나실 수 있습니다. 혹 구입을 원하시면 말씀해 주세요. 빛과 산소의 영향을 최소화하기 위하여 100g씩 틴케이스로 이중 포장한 시즌 한정품을 7만 원에 드리고 있습니다. 자, 이제 마시기에 적당한 온도가 되었을 겁니다. 음악과 커피의 흐름을 찬찬히 즐기시기 바랍니다."

[2차. 13g, 한 칸 더 가늘게 분쇄함, 94도, 1'50", 150ml]

잡미가 심하다. 과다 추출이 아니다. 말 그대로 잡미다. 싱거운 건 나아졌지만 알맹이가 빠진 느낌이 여전하다. 식으면서 잡미가 현저히 줄고 짠맛과 신맛이 강해진다. 쓴맛은 없고 블루베리의 향이 1차보다 2.6% 올랐다. 견과류가 있다. 입 안이 아린 게 오래간다. 혀 아래에 단침이 고인다.

[총평]

추출 시 물이 가루 주변을 맴돌아서 생긴 결점과 장점이 1차에 담겼다. 은은하고 편안하지만 과다 추출의 쓴맛은 분명 부정적이었다.

2차에는 드리퍼에서 일어난 일이 마치 난개발인 듯한 결점과 장점이 있었다. 좋은 성분을 강제로 빼내려고 했을 때 나쁜 성분이 몽땅 나왔으리라. 1차보다 좋아진 부분이 있지만 전체적으로는 한참 잃었다.

[숙제]

관심이 생겨서일까? 인터넷을 둘러보는데 눈에 띄었다. 로스팅한 지 오래되지 않은 콩은 드립할 때에 기술적으로 가스를 빼가면서 물을 붓는 게 관건이란다. 1차의 커피가 밍밍했던 건 원두에 가스가 많아서 좋은 성분의 추출이 원활하지 않았기 때문일 수가 있겠다. 1차 커피의 싱거움은 농도의 문제가 아니라고 판단해서 2차에는 분쇄도를 더 가늘게 했었다. 예상대로 더 진한 농도에서도 알맹이가 없음을 확인하였다. 가스의 혐의가 짙어졌다. 블루베리 주스 만들기에 더하여 가스를 배출하며 드립하기를 숙제로 떠안았다. '좋다! 얼마 안 남은 원두를 불사르리라.'

칼리타 드리퍼로 버리지 않아도 되는 커피를 매번 만들고 있어 기고만장하였는데 제대로 한 방 먹었다. 물론 오늘의 시다모 두 잔 모두 마셔도 되는 커피였지만 나는 흔쾌히 손이 가는 수준을 원한다. 입맛이 자꾸 고급이 되어간다.

2013.10.26. 〈카페 시우〉 탄자니아 음베야(MBEYA) AA

[칼리타, 12g, 중간분쇄, 93도, 2'05", 150ml]

- 가루 설탕. 초콜릿. 커피 향인데... 헤이즐넛? 모카?

믹스커피에다 알갱이로 된 설탕의 단맛이 더해졌다. 그리고 관심을 잡아끄는 신맛이 잠깐 있었는데, 〈초운재〉에서 얻어 마셨던 커피 가운데 '~ ~ 마운틴 원두에서'라고 각인된 이미지와 비슷했다. 그것은 확고한 분위기가 끝없이 넓게 자리해 얼음물처럼 쨍 — 하니 시원한 공간감을 가졌다. 음베야는 시원한 건 비슷하지만 아래로 흐르는 듯 동적인 이미지가 달랐다. 잔을 비우고 입 안에 남은 달콤 쌉싸름한 맛과 향을 즐기고 있었다. 문득 떠올랐다.

++

너무나 사랑해서
더는 다가가지 못했다

시간에 떠밀린 바보가
그녀를 추억한다

++

"현명한 사람이라서 잘 지낼 거야."

2013.10.27. 〈시우〉 에티오피아 시다모G1

[1차. 12g, 중간분쇄, 93도, 2'10", 150ml]
- 완전 싱겁다. 필터 냄새도 난다. 이런 커피에 에너지를 쓰고 싶지 않다. 버림. 성공적이었던 음베야AA와 똑같이 드립한다고 했는데 뭔가가 달랐나 보다. 물이 가루에 속속들이 스며야 하는데 너무 가는 물줄기여서 가스의 반발력에 가로막혔으리라. 물 상당량이 드리퍼 상단에서 벽면을 따라 흘러내렸을 것이다. 드리퍼의 하단부가 덜 추출된 유형이라고 판단된다.

[2차. 12g, 중간분쇄, 1'55", 135ml]
뜨거울 때 - 기분 좋은 쓴맛, 다크 초콜릿. 이것이 진정 커피의 좋은 쓴맛이 아닐까? 그리고 꿀과 캐러멜의 단맛이 따라온다.
따뜻할 때 - 신맛+단맛+바닐라. (단맛+바닐라=밀크초콜릿?!)

[종평]
- 2차 커피의 쓴맛이 서른에 맛있어진다는 에스프레소의 그것인지 궁금하다. 커피나 나이나 내가 더 먹고 보면 알게 되겠다. 지금 당장에는 전혀 부정적이지 않으므로 호감도가 +1 되었다. 이 커피, 기념일에 쓰도록 하자. D-66!
- 단맛에서 하푸사가 떠올랐지만 그때의 기억이 어렴풋했다. 덕분에 '좋았던 순간이 희미해져 가는' 묘미를 맛보았다.

[복기]
- G1의 컵노트를 모르는 채로 〈체리빈커피〉의 G3와 같은 시다모이겠거니 하며 블루베리를 만들려고 하였다. 1차를 실패하였다.

2차에 도전하였다. 뜸 들일 때 꿀처럼 달달한 향을 맡았다. 정신을 차렸다. 블루베리를 찾았으나 없었다. G3와 똑같은 원두라는 판단은 블루베리를 향한 졸렬한 기대만을 근거하였음을 인정한 이 순간부터 'Ctrl+c, Ctrl+v'가 아니라 'Enter ↵'로 드립 할 수 있었다.

G1이 G3보다 약배전임에도 불구하고 여차하면 5회까지도 분할하여 추출할 작정으로 물을 적게 부으며 1회차 주입을 시작하였다. 4회차 주입 전 물기가 빠진 드리퍼에서 부정적인 향이 났기에 서버와 분리하였다. 목표에 모자라는 추출량이었다. 훌륭했다.

555.5.5. 과다 추출 판정

기계가 있으면 수율을 잰다. 22%를 훌쩍 넘고 맛이 불쾌하면 과다 추출로 판정한다. 기계가 없으면 맛으로써 짚는다. 아래를 참고하자.

1. 강배전 : 주로 쓴맛이 많아진다.
   1) 쓴맛의 비중이 일정하여 음용 온도와 관계가 적다.
   2) 날카롭고 거친 쓴맛이 자잘한 파편으로 혀에 박힌다.
   3) 쓴맛이 커피의 다른 맛들과 별개로 자리한다. 비유를 든다. 초반에 추출되는 향미가 물감으로 그린 사과라면 쓴맛은 연필로 테두리선을 긋는 것과 같다. 사과 그림처럼 커피도 명료해지므로 적당한 쓴맛은 장점이 된다. 지나치면 4B연필로 힘까지 주어 누르며 테두리를 긋는 것과 같다. 점점 선을 벗어

날 것이다. 결과는 상상에 맡긴다.

2. 약배전 : 주로 신맛이 강해진다. (쓴맛도 당연히 과다 추출.)

   0) '적정 수온+긴 시간 ⇒ 신맛', '적정 시간+높은 수온 ⇒ 쓴맛'

   1) 식을수록 신맛이 부담스러워진다.

   2) 뭉쳐 있고 뭉툭하고 우중충하다. 무게감이 있다.

   3) 과다 추출의 신맛은 긍정적인 향미와 모두 관계된 것이 마치 반투명한 비닐로 과일 바구니를 덮은 것과 같아서 커피의 다양한 색감을 흐릿하고 번져 보이게 만든다. 과다 추출이 심할수록 커피가 한 덩어리로 느껴진다. 과다 추출이 되었어도 원두에 따라 맛의 색감이 달라지긴 하므로 오판하기 쉽다. 긍정적인 향미가 있더라도 반투명하고 뭉뚱그려진 느낌이 동일하면 틀림없이 과다 추출이다. 맛에서 무게감을 원하더라도 원두의 개성이 지켜지는 정도를 넘지 말아야 한다.

3. 공통 : 드립에 일괄적으로 적용하는 어떤 습관이 있거나 관성적으로 특정 맛을 찾기 때문에 많이 생긴다.

   1) 커핑에는 없었던 혹은 커핑이 끝날 즈음에나 경험할 수 있었던 맛이 드립 커피에서 나온다.

   2) 추출을 마치고 드리퍼에 남은 가루의 향을 맡아보자. 향이 텁텁하고 거칠면 그만큼 과다 추출 되었다.

   3) 원두를 바꿔도 뉘앙스가 비슷한 쓴맛이나 신맛이 꼭 있어서 커피는 원래 다 그런가 싶은 생각이 든다.

* 과다 추출 된 커피를 좋아하는 사람을 보기는 했다. 수년간 꾸준히 그러한 커피를 마시면서 건강하게 일상생활을 유지하고 있는 경우에 한정하여 그들이 마시는 것은 양질의 커피라고 인정한다.

내가 생각하는 품질기준에 대한 예외를 전적으로 존중하며 그들에게 과다 추출은 단점인 요소라고 주장하지 않는다. 나는 그 커피를 마시지 않고 그들에게 내 커피를 권하지 않는다. 각자의 방법대로 건강하게, 화합하며 살면 된다. 증명된 실제를 이론으로 무너뜨리려는 시도는 바보나 하는 짓이다.

2013.10.28. 관심사가 자꾸만 변해간다

'수온 조절, 추출 시간 조절, 커핑, 드리퍼와 드립 포트, 향 추출, 맛 추출, 칼리타 드리퍼 탐구, 로스팅, 맛의 뉘앙스, 필터 아트, 원두 상태에 따른 드립 방법.'

지난 두 달여를 돌아보았다. 남겼던 글의 제목만 훑었는데 저렇게 많은 소재가 떠올랐다. 갓 입문한 초보자에게 커피의 세계가 얼마나 흥미롭고 드넓었는지 하나를 한층 더 깊이 들여다보기 전에 다른 쪽으로 눈이 돌아갔었다.

〈델라카사〉에서 여러 단계로 볶아온 콩을 비교하다가 멈추었다. 자문자답하였다.

Q: 무엇을 위해서 이러는가?
A: 내가 내린, 맛있는 커피를 마시고 싶다.

커피 생활의 출발점이었다. 강조하고 강조하고 또 또 강조해도 된다. 근래에는 초심을 벗어나 있었다. 후회하지는 않는다. 감당할 수 없는 범위였다 할지라도 나돌지 않았더라면 내 현재의 위치를 몰랐을 테다. 처음으로 돌아가고 싶다. 콩의 변화 과정을 추적하는 대신 개개별 원두 그 자체에 집중하기로 한다.

+   +   +

드리퍼는 칼리타를 추천합니다. 평범하다는 것은 단점인 동시에 장점이 되겠지요.

즐길 목적의 커피로는 저 역시 여러 가지 콩을 준비합니다만 실험은 되도록 한 가지씩의 원두로 합니다. 그래야 수온이나 분쇄도, 추출 시간, 드립 방법, 드리퍼, 드립 포트 등등 원두 외적인 요소들에 대한 정리가 잘됩니다.

드립을 해보면 매번 맛이 다를 텐데 어떤 요소의 영향이 큰지를 추측할 수 있고 조금이라도 맛을 의도하여 조절할 수 있으면, 나아가 커피가 마실 만하다는 생각이 들면 다른 콩으로도 드립해봅시다. 조절이 되는가요? 마실 만한가요? 이렇게 스스로에게 물어가며 올바른 앎이 생겼는지를 점검합시다. 모쪼록 다양한 원두로 확인하기 바랍니다.

같은 과정을 계속 밟아 나가면서 드립 실력을 정교하게 만듭니다. 콩 종류를 바꾸고도 몇 번의 시도로써 먹을 만한 커피를 뽑아낼 수 있다면 이제는 제한을 풀고 커피의 세계를 관심사에 따라 폭넓게 알아갑시다. 생두 농장주의 취미 생활을 읽을 수도 있겠네요. 단, 실험은 계속해야 합니다. 그리고 꼭 커핑을 하세요. '커핑은 컵에 우려서 먹는 방법이다.'라고 가볍게 받아들이면 좋겠습니다. 시작이 어렵지 걱정만큼 낯설지 않습니다.

앞의 내용은 두 달 전의 저에게 전하고 싶은 말입니다. 이제부터 저는 저의 혀와 코에 적히는 내용에 집중하렵니다. 누군가의 말로써 표현된 시음평은 곁눈질로 보고 지나갈 겁니다. 원두는 좋은 품질을 가려내어 무작위로 구입하고 블라인드 테이스팅을 하듯 맛을 보겠습니다. 핸드드립이 만족할 수준에 이르기까지는 탐험하는 커피의 범위를 좁히겠습니다.

생각이 나 선택한 음베야. '잠시만 안녕'이라는 말이 잘 어울리게 나왔다. (~~하지만 신맛에 조금 기울었다. 밸런스 조절은 참 어렵다. 기다렸어야... 10~20ml 정도가 더 나오게. 과거엔 잘도 기다리더니....~~)

2013.10.28. 〈George Howell Coffee〉

[1차. 12g, 중간분쇄, 92도, 2'20", 130ml]

1. 새콤상콤한 신맛. 가루 설탕의 단맛.
2. 중간 아래로 넓게 깔리는 바디감이 편안하다.
3. 삼키지 않아도 흡수되듯 사라지는 신비. 약이다!!
4. 미분이 많아서 150ml가 나오기 한참 전에 드리퍼가 막힌다.
5. 초반에 수위를 너무 높여서일까? 필터 맛이 살짝 들어있다.

[2차. 12g, 가는분쇄, 93도, 2'00", 100ml]

1. 단맛에 기울었다. 1차에 비해 신맛의 즐거움이 줄어들었다.
2. 미분 때문에 추출이 강제종료 당함.
3. 내일과 모레에는 손님이 오실 예정이다. 더 나은 방법을 얼른 찾아야 한다.
4. 신맛 주연, 단맛 조연이 좋겠다.

+   +   +

하푸사	보케테
꿀, 캐러멜 중학생이 떠오르는 신맛 신나고 유쾌함 풍요로움	설탕, 꿀 유치원생이 떠오르는 신맛 순수하고 편안함 단촐함

첫 모금에서 하푸사가 스치고 곧이어 새로운 세상이 펼쳐진다. 선명한 생동감은 컵노트가 아니라 커피 자체의 분위기이다. 어쩜 이리도 순수할 수가. 네댓 살 귀여운 꼬마의 해맑은 미소다. 내면이 정화되는 듯하다. 인지하지 못했던 긴장들이 완화되면서 쉼을 얻는다.

보케테는 새로운 커피다. 대체할 무엇이 떠오르지 않는다. 지금의 드립 커피가 여러모로 부족한 줄 알면서도 기록을 남기는 것은 목 넘김 때문이다. 삼키지 않아도 입 속 곳곳으로 절로 사라지는 목 넘김 말이다. 보이차 중에서도 잘 숙성된 청병에서나 보이는, 현재의 몸 상태와도 맞아떨어져야만 가능한 현상이다. 커피에서 이를 느끼게 될 줄이야.

커피와 보이차는 효능이 상반되어 각각 각성 작용과 진정 작용이 있다고 느꼈다. 두 음료가 맞닿은 곳에 〈George Howell Coffee〉의 파나마 라 에스메랄다 게이샤 보케테가 있다.

```
+ + + + + + + + +
+ + + + + + + + +
+ + + + 파 + + 나 +
+ + + 커피 + 나 + +
+ + + + + 마 +
+ + + + + 게 +
+ + + + 이 + +
+ + + + 샤 + + +
* + + + + 보 + +
+ + + + + 케 + +
+ + + + + 테 +
+ + + + + 보이차
+ + + + + + + +
+ + + + + + + + +
```

《가성비》

파나마가 아닌 다른 나라의 게이샤 품종이 궁금해 몇몇 카페를 갔었다. 실망스러웠다. 인터넷으로 원두를 구입해서 맛을 보았다. 가성비가 또한 실망스러웠다. 2018년이었던가? 네 가지 컵노트가 또렷한 〈마리스텔라〉의 과테말라 게이샤를 만나고서야 파나마 아닌 게이샤에 쌓았던 벽을 허물었다.

　파나마 아닌 게이샤는 바디감의 투명도는 떨어지지만 컵노트의 화려함이 파나마 못지않다. 해당 국가의 여타 품종과는 차분하고 말끔한 분위기로 차별된다. 이렇게 편견의 벽이 없어졌는데도 찜찜한 무언가가 남아있어 원두를 고를 때면 손을 내밀기가 망설여진다. 벽의 잔해인가? 왜지? 가성비 때문인가?

+　　　　　　　　　　+　　　　　　　　　　+

　'200g에 16,000원 이하로 제한한다. 스페셜티 커피 중에 저렴한 순서로 찾는다. 이왕이면 공동 구매나 특별가 행사 제품으로. 결점두가 적어야. 로스팅에 문제가 있다면 문제의 정도, 생두 품질 수준, 맛의 뉘앙스를 파악한 후 수업료다 생각하고 버릴 것인데, 구입한 네 봉지 가운데 한 봉지는 그럴 수 있다고 받아들인다. 명절이나 어떤 기념일을 앞두고 남들과 먹기로 예정한 원두는 가격과 상관없이 궁금하거나 맛있는 것으로 선택한다. 파나마 게이샤는 언제나 우선순위가 높은데 스페셜 게이샤나 옥션 랏 등 최상위 등급만 해당된다.'

　원두를 고르는 자체 기준이다. 파나마 아닌 게이샤는 평소에는 가성비 때문에, 가성비가 문제가 아닐 때에는 파나마 게이샤나 CoE 등등에 밀려서 선택하지 않는다. 계륵 같다고나 할까? 드립 실력이 문제인 건 진작부터 인정하고 있다. '더 맛있는 커피'가 아니라 '가격만큼 맛있는 커피'를 뽑을 수 있어야 하므로 실험을 해야 하는데 아직은 하고 싶지가 않다. (선물은 땡큐.)

　〈커피미업〉에 의하면 2019년 온두라스 CoE 1위가 게이샤 품종이고 와인 만화책이 떠올랐을 정도로 맛있다는데. 들기로는 100g 에 6만 원이라더라. 그럼 파나마 스페셜 게이샤가 먼저다. 보이차 와 같은 약성, 그리고 세상 해맑은 미소!! 타협점이 없다. 그런데 하필 온두라스라니. 2019.2.13. 〈다트커피〉 Blue Note [서울]의 기록처럼 이미 받아들인 이별이지만 못내 그리워.

+

나는 클린컵에 매우 예민해서 로스팅 결점이 튀면 먹지 못한다. 비싼 게 맛있는 줄 알지만 잘못 볶여서 버릴 때면 가격과 비례하 게 심리적인 타격이 크므로 높은 가격의 원두를 피하고 있다. 앞 서 말했듯 네 봉지 중에 하나쯤은 문제가 있어도 괜찮다고 각오 하고 있다. 또한 로스팅의 어려움을 인정하기에 아쉬운 대로 먹을 수준이 네 봉지 중에 한두 봉지가 있어도 된다고 받아들인다. 그 래서 자체적으로는 판매가격에 적어도 20%를 얹어 구매하는 셈 이며 이렇게 감당할 수 있는 가격대를 정하였다.

나는 좋은 것을 좋아하는데 새로운 것을 더 좋아하는 취향이 있 다. 국내로 들여온 콩 중에 지금까지 좋다고 회자된 원두는 이래 저래 접해볼 기회가 있었기에 세인트 헬레나와 시먼 어베이 빼고 는 솔깃한 게 없다. 매년 새로 나오는 커피를 나 또한 '새로운 것' 이라 말하지만 내심 '다른 것'으로 받아들이고 있다. 그러므로 호 기심이 생기는 컵노트가 보이지 않는 이상 모두 '좋은 콩'에 속하 고 만족도가 고만고만하다.

그러고 보면 확실히 나는 생두(재료)의 품질보다 로스팅(가공) 의 수준을 더 따지는 것 같다. 평소 구매하는 가격대의 원두는 커 핑 점수로 치면 82.75~84.75점의 생두를 볶은 것이다. 이 안에서는 수준이 다르다는 느낌이 들 정도로 맛이 크게 차이나는 콩이 드물다. 물론 차이가 없어서 없다는 게 아니다. '드립 커피로 커핑'을 한다면 원두보다는 원두 보관이나 물, 드립 방법 등등 원두 외적인 환경에 의해 가감되는 점수가 더 크다는 의미에서 하는 말이다. 추출 환경이 일정하고 결점두도 내가 골라내면 되므로 결국 로스팅에서 커피의 만족도가 좌우된다. 86점 생두인데 약간 언더 디벨롭된 원두와 83점에 웰 디벨롭된 원두 중에 고르라고 한다면 전자가 신기한 콩이 아닌 이상 무조건 후자를 고른다. 설령 같은 가격으로 판다고 해도 후자다. 전자가 더 싸도 나는 후자다. 클린 컵에 배점한 점수가 꽤 높기 때문이다. (누가 INFP 아니랄까 봐.)

2013.10.28. 〈시우〉 하와이안 코나 팬시

[칼리타, 12g, 중간분쇄, 93도, 2'25", 150ml, 4회 분할]

쌉싸름한 맛. 쓴맛이 우세한. 시원한. → 단맛이 얹힌 신맛. → 단맛, 신맛, 쓴맛의 오묘한 조화. 후미에는 초콜릿. → 진한 농도. → 캐러멜이 나오기 시작. 엑스트라 역할에 충실. → 신맛과 쓴맛이 섞여서 한약이 되었다가 캐러멜과 융화됨.

짙은 농도감이 혀 위에 쌓여가다 마지막 한 모금을 삼킨 후엔 덩어리로 엉겼다. 추출이 잘된 건지 아닌 건지 모르겠다. 쉴 새 없이 변해가는 맛을 나의 미각으로는 따라갈 수 없었다. 딱히 결점도 없고 딱히 장점도 없다. 왠지 끌린다.

뭐지? 지금까지 괜찮다고 생각했던 커피들과는 달리 여기에는 주인공 등의 역할 구분이 없는데? 생생하게 꿈을 꾸는 중에 깼으니 분명 방금인데도 대략의 느낌만 남아있는, 그 내용이 깜깜하여 떠올려 보겠다고 더듬고 더듬어도 도통 생각이 나지 않는 때처럼 멍하다. 한바탕 휘저어 놓고는 솜씨 좋게 사라졌다.

.

.

.

이런 기분일까?

　'상대는 스페인 축구팀 바르셀로나. 저들의 현란한 티키타카에 허둥지둥하다 슝~ 킬패스에 한 골 먹고. 정신을 다잡지만 공은 다시 우리 골문으로 구른다. 이것저것 생각할 겨를도 없이 경기가 끝났다. 관중들의 함성을 상대하느라 진땀을 뺐다. 점수는 상관이 없다. 우리는 졌다. 좋은 시합이었다.'

2013.10.28. 신맛이 부담스러울 때는

　드립 커피가 신맛이 부담스럽다는 의견에 '수온을 높여서 쓴맛 계열의 추출량을 늘리거나 아니면 수온을 낮춰서 드립하라.'라는 조언을 많이 보았다. 나는 추출 시간을 더하여 답한다.

1. 화려한 신맛이 부담스러울 때
　1) 커피 맛 확인 : 마시는 온도에 따라 신맛의 색조나 분위기가
　　 바뀐다. 주로 중, 약배전에서다.

2) 상태 진단 : 레몬, 오렌지 등등의 신맛이 주인공이다. 이게 전부다. 너무 튄다는 생각이 든다. 조연이 필요하다.

3) 대응 이론 : 괜찮은 신맛의 톤이 나오는 수온을 고정하고 다른 맛들을 더 뽑아야 한다. 단지 신맛의 비율만 낮추는 방법이다.

4) 대응의 실제 : 각각의 효과를 확인해 보자.

  (1) 추출 시 분할 횟수를 늘린다. 총 추출량이 덩달아 늘어나면 좋지 않으니 주입하는 물의 양을 평소보다 줄이도록 한다.

  (2) 더 가늘게 분쇄한다. 단맛, 쓴맛 성분의 추출이 단시간에 증가할 테니 분할 횟수를 유지하거나 줄인다.

  (3) 추출 시간을 늘린다. 스테인리스보다 동 재질의 드립 포트가 좋겠다. 열전도율이 높아 물이 빨리 식어 유리하겠다.

2. 뭉툭하고 강한 신맛이 부담스러울 때

1) 커피 맛 확인 : 마시는 온도가 달라져도 신맛은 별다르지 않게 부담된다. 주로 중, 강배전에서다.

2) 상태 진단 : 신맛은 조연이다. 이런 신맛은 특징이 없고 감흥도 없다. 그냥 뭉툭하게 시다. 주인공이 필요하다.

3) 대응 이론 : 신맛의 절대적인 양의 증가를 최대한 줄이면서 밸런스를 맞춘다. 단편적으로 수온만 낮추면 신맛 이외의 맛들도 덜 추출되니 밸런스에는 도움이 안 된다.

4) 대응의 실제

  (1) 추출 시간이 길어지면 신맛이 양껏 추출되므로 보다 짧은 시간에 추출을 끝내야 한다. 때문에 나는 가능한 한 수온을 덜 낮춘다.

  (2) 더 가늘게 분쇄하여 단시간에 단맛, 쓴맛이 증가하도록 한

다.

(3) 분할을 많이 하여 추출한다. 딱딱 구분되는 횟수에 연연하지 말고 초반에는 적은 물로 짧게 짧게 끊어서 드립한다. 가루 전체를 조금씩 적셔나간다는 기분으로 부어서 절대 물이 차오르지 않게 한다. 추출을 진행하면서 차츰 물의 양을 늘리는데 〈보헤미안〉의 방법을 참고하도록 한다.

+   +   +

신맛은 단어가 하나일 뿐이다. 혀 위에만 가면 얼마나 말도 안 되게 다양하게 펼쳐지는지 모른다. 말에 빠지지 말자. 혀의 감각을 믿고 몸의 반응을 살피자. 먹어보고 좋아야 좋은 것이다. 저명한 누군가가 호평을 하였던들 내게 와닿지 않으면 판단을 유보하는 편이 낫다. 실험과 체험으로 답을 내리자.

2013.10.29. 고소한 맛 끌어내기 - 수온 편

[참고]
- 〈델라카사〉의 코스타리카, 스페셜티 커피, 시나몬 배전도.
- 칼리타, 12g, 중간분쇄, 100ml 언저리 추출.
- 점수는 5점 만점이며 상대평가이다.
- '맛있어져라~' 주문을 외우며 내가 간접 로스팅하였다. 실험 용도로 쓸 테니 가능한 한 약하게 볶아주시라고 부탁드렸던 콩이므로 일반인이 만날 맛이 아니다.
- 로스팅 전후로 로스터가, 추출 전에 내가, 총 세 번 핸드픽 하였

다.

- (오차가 큰) 드립은 분할 3회에 비율은 5:4:1이며 타이머를 먼저 누르고 추출을 시작하였다. 세 컵 간에 오차 범위 ±3초의 차이가 있지만 유의미하지는 않다.

[집단1]

커피	수온	시간	고소한	신	농도	선호도	참고
1번	95	1'45"	2	4		2	
2번	97	1'25"	2	5	진한	3	
3번	87	1'30"	3	2	적당	1	커피빵 X

[평가]

- 수온이 농도에 영향을 주었다.
- 높은 온도는 신맛이 부담스러웠다.
- 맛의 추출순서 : 고소 → 신 → 설탕 → 꿀 → 캐러멜
- 고소한 맛이 주인공인 3번 커피가 마시기 좋았다. (* 별 은하수 개수만큼 중요!)

[집단2]

커피	수온	시간	고소한	신	커피빵	선호도	참고
1번	93	1'40"	2	2	조금	3	so so
2번	88	1'35"	2	3	X	2	good
3번	84	1'40"	3	2	모래에 물	1	better
4번	78	1'40"	X	X	자갈에 물		so bad

[결과]
- 93도는 맛의 밸런스가 어중간하며 밍숭한 맛이 났다.
- 이게 재미있었다. 따뜻할 때 2번 커피는 신맛이 먼저 느껴진 다음에 고소했고, 3번은 반대로 고소함이 먼저였다. 상온이 된 후 2번 커피는 고소함 다음에 신맛이 왔고, 3번이 또 반대였다.
- 목 넘김은 3번이 편안했다.
- 84도 커피는 고소함이 주류를 이루고 있었다. 알갱이가 터지듯 톡톡 터지는 신맛도 있었다.
- 4번 커피는 결점투성이여서 맛을 보는 게 고역이었다. 커피 성분 추출이 안 되었다.

[평가]
- 온도를 낮춰야 '고소한 : 신' 맛의 밸런스가 좋아진다.
- 시나몬 로스팅은 고소한 맛이 주인공일 때가 좋다.
- 실험은 정말 힘들다.
- 많은 성과를 남기고 퇴장한 원두(값)에 무한한 애도를.

[전편에서의 선호도를 고려하여 수온 85도로 하는 실험. 〈델라카사〉의 코스타리카, 시나몬, 12g, 중간분쇄, 100ml 언저리 추출]

[집단1]

커피	추출시간	뜸	분할	고소:신:쓴	평가	선호도
1번	1'40"	30"	5:4:1	5:4:2	고소한 맛과 쓴맛에 신맛이 양다리를 걸치고 왔다 갔다 한다. 쓴맛 결점. 진함.	3
2번	1'40"	30"	7:3	3:3:1	밍숭함. 장점이 숨음. 조연끼리 만든 영화.	2
3번	1'35"	30"	1		풍미가 떨어진다. 결점이 있다. 평가 거부.	4
4번	1'30"	10"	5:4:1	5:2	견과류가 잘 나타난. 응축된 과일 산미. 물로 희석했더니 불호가 됨.	1

- 짭조름하니 응축된 산미가 곳곳에서 나타났다. 조금만 더 풀어지면 좋겠다는 생각이.
- 1, 2번 커피는 만족도가 비슷했다. 2번 커피의 목 넘김이 보다 나았다.
- 4번 커피에는 쫀득한 과일 산미가 있었다. 희석을 해보았다. 만족도가 뚜욱 떨어졌다.

[집단2]

커피	추출 시간	뜸	분할	고소: 신	평가	선호도
1번	1'30"	10"	3:5:2		고소한 + 설탕, 쓴 신맛이 보다 펼쳐진.	4
2번	1'20"	10"	3:6:1			3
3번 83도	1'30"	20"	4:5:1			5
4번	1'40"	10"	5:4:1		바디감이 달라짐.	1
5번 83도	1'35"	10"	4회에 대략 2:3:3:2	??	????	0

- 선호도에 2순위가 없는 이유는 4, 5번 커피와 1, 2, 3번 세 개가 질적으로 너무나도 차이가 나서다.
- 수온을 낮추면 물과 가루의 반응이 약해진다. 뜸들이기에서 가스가 그다지 나오지 않으면 기다리는 시간을 줄여도 되겠다. 3, 5번 커피에 의미가 있다.
- 고소한 맛이 신맛보다 먼저 추출됨을 재차 확인하였다.
- 분할 추출도 굉장히 중요한 요소임을 또한 확인하였다.
- 전체적으로 [집단2]가 [집단1]보다 맛이 좋았다.
- [집단2]는 맛을 자세히 살피지 않았다. 네 번째 커피를 추출하는 도중에 드립하는 감이 달라졌기 때문이었다. 가루와 물을 섞는 작업이 한결 부드러워졌고, 여러모로 생각지 못한 발전이 있었다.
- 4번 커피는 부드러웠고 특히 신맛이 편안하게 풀어져 있었다.

이를 맛본 다음에는 1, 2, 3번 커피가 대동소이했는데 물맛과 경
직된 느낌이 매우 불편했다.

- 1, 2, 3번 커피는 고소한 맛과 신맛이 느껴지지 않았다. 맛이라
고 할 것이 있다면 '너무나 날카로운 어떤'이 보였다. 더하여 그
사이사이가 비어 있으니 워터리가 커피 맛이라고 하겠다.

- [집단3] 성격의 5번 커피를 확인 차 만들어 보았다. '커피 가루
를 잘 우려내려면 성분이 우려지기 위한 시간을 보장해야 함. 충
분하게.'를 염두에 두긴 하였으나 외형적으로는 무계획의 막드
립이었다. 기분이 새로웠다.

- 5번 커피는 질감이 굉장히 부드러웠다. 갖다 붙이자면, 커핑에
비견하게 맛들이 잘 풀어졌고 풍부했다. 다시 맛본 4번 커피가
도리어 워터리하고 경직되게 느껴졌다.

[결론]

0. 오늘은 여기까지. 기분은 괜찮은데 몸이 너무 힘들다.

1. 분할 추출은 아주 중요하다.

2. 물줄기 관리에 따라서 산미의 질이 크게 달라졌다. 수온과 산
미의 상관성이 성글어졌으니 새로이 실험해야 한다.

3. 물이 모든 콩가루와 고르게 만나게 드립해야 한다.

4. '낱낱의' 가루에서 어떤 성분이 얼마나 우려지고 있는지를 생
각해야 한다.

5. 물 주입 회차마다 이래야 한다. 커피 성분이 충분히 우려진 물
이 서버로 빠져야 좋다. 물의 양을 조절하자.

6. 연습하자!

7. 200g의 원두를 소진하면서 단 한 번이라도 내 드립 커피가 맛
있으면 다행이었다. 이제 빈도수가 늘겠다? 늘겠다!

8. 나는 그동안 무얼 먹었던가? 편하게 풀어지지 않은 커피들이

었는데 맛있다고 느꼈던 건 어째서인가?

<u>2013.10.30. 고소함 끌어내기 미션을 마치며</u>

이론은 단순하다. '가루에 물을 부어 커피를 추출한다.'
실전은 복잡하다. '원두와 도구를 정한다. 어떻게 갈아서 수온이 얼마인 물을 어떤 방식으로 부은 후 어떤 농도로 마실 것인가?'
결과는 난해하다. '이렇게 하면 된다며? 앞에는 됐는데 지금은 왜 안 돼?'

변수들이 꼬리에 꼬리를 물고서 자기들끼리 앞으로 뒤로 옆으로 파고든다. 안다고 해도 아는 게 아니다. 맛있는 커피로 정답을 말해야 한다. 이론을 얼마나 체득했는지는 실전에 가야 표가 난다. 돌발 상황에도 당황하지 않고 부닥치는 변수를 컨트롤해 가며 최상의 결과물을 만드는 사람, 프로다!

+   +   +

지금 내가 잘 배우고 있는지, 잘못이 있다면 그게 무엇인지를 확인하는 방법이 있을까? 분야를 한정하지 않고 사유해 본다.

1. 정리된 앎은 짧은 글로 표현되어도 종합적인 내용을 품는다.
2. 이론 체계에서 하위 카테고리로 갈수록 보다 구체적인 사실들이 담긴다. 세부항목이 늘어나지 않는 업데이트는 업그레이드가 아니라 옆그레이드이다.
3. 옆그레이드이든 다운그레이드이든, 초기화를 하는 Shift+Del

을 누르든 상관없다. 온갖 상황을 마주하겠지만 포기하지 않고 계속 연구하면 결국에는 업그레이드가 된다. 좌충우돌하는 경험이 생각지 못한 보너스가 되어 돌아올지 모른다. 시행착오를 혐오하지 말자.

4. 옆그레이드를 업그레이드로 착각하거나 남에게 눈속임을 하려 하면 편견을 주장하게 된다. 이러면 잠깐은 모르겠지만 장기적으로는 자기에게 이익이 없다. 비판과 토론에 관대한 마음을 갖자. 다른 변수의 등장에 쉽사리 망가지는 이론은 보배가 아니다. 애당초 제한된 변수를 제시하면서 이론을 내세워야 옳다.

5. 어떤 통찰이 생기면 당장에 말부터 다듬고 싶어지지. 실제보다 덩치를 키우고 보기 좋게 포장을 하지. 헛바람을 빼는 것도 실력이다.

+   +   +

심리 상태가 낯선 환경에 놓인 때와 다름없었다. 커피 생활에 발을 들인 후 모든 게 새롭게 시작되어 의도치 않게 드립하는 물줄기가 소심해졌었다.

〈데이비드커피〉의 시그니처 블렌드로 실험하는 중에 의식이 머리에서 드립 포트로 이동했고, 이때부터 물을 과감하게 부을 수 있게 되었다. 나름 드리퍼의 성능을 고려한 물줄기였으며 먹을 수 있는 커피가 나왔기에 올바른 변화로 판단하였다.

어제와 오늘의 실험에서는 의식이 드립 포트에서 드리퍼로 옮겨갔다. 물을 이렇게도, 저렇게도 부으면서 가루가 우려지는 정도를 실시간으로 가늠하였다. 둘은 맛에 어떤 차이가 있을지를 추측하였고 유용한 앎이 추가되었음을 커피 맛이 증명하였다.

+

　지금은 확인을 해볼 겸 〈체리빈커피〉의 안티구아를 마신다. 여태의 패턴과는 많이 다르게 드립하였다. 여느 컵보다 괜찮게 나왔다. 초콜릿과 쓴맛이 있고 부드럽다. 고소함 끌어내기 미션을 하면서 핸드드립에 질적인 발전을 경험했고 많은 게 재구성되었다. 과거의 정리가 반쯤은 무효가 되었다.

+　　　　　　　　　　+　　　　　　　　　　+

　나는 행동대장보다는 참모가 어울리는 스타일이다. 최대의 약점을 꼽자면 현실 문제에 맞닥뜨리면 능력치가 바닥이 된다는 것.

　프로는 같은 연습을 반복, 반복하고 또 반복하여 완성을 이룬다. 이때 앞의 연습과 뒤의 연습은 틀림없이 같지 않다. 같다면 변화가 있을 수 없고 변화가 있다면 같지가 않은 것이다. 이를 체험한 오늘.

　이론은 실전을 통해 빛을 발한다. 실전에서는 이론을 검토하여 시행착오를 줄이고 완성을 점검한다.

+

　스스로 모르고 있는 줄 아는 이야기를 해본다.

　로스팅의 프로파일은 실전에 가이드라인을 제시해 주고 개선점을 보다 쉽게 찾을 수 있게 돕는다. 실전 감각이 좋으면 프로파일이 잡을 수 없는 현재의 변수를 제어할 수 있다.

　내 주제를 많~~~~~~~~~~~~~~~~~~~~~~~~~이

넘었다. 이럴 때면 대개 주의가 산만해지지. 왔어. feel이. 그만 써야겠다는.

+   +   +

커피는, 나를 되돌아볼 일이 많아서 좋다. 내가 바뀌면 커피도 바뀐다. 빨리 실력을 쌓아서 사람들과 즐거움을 나누고 싶다.

p.s. 무효로 쳤던 과거의 정리이다. 그러나 한편으로 보면 '아님'이라는 새로운 앎이 되었다. 의미가 있으니 '여전히 유효하다.'로 정정한다.

2013.10.31. 다시 원점으로. 그러나 처음과는 다른

?????커피????를?????추출??????하는??수온은??????원두?????????의?사용량은?????시간은???추출?량은???????????의문????들로??가득???하다??????이런??것을??왜????묻지????

내 드립 커피가 만족스럽지 않다. '내가 만든 것'에 아무리 가산점을 씌워도 혀가 거부하니 양심이 동한다. '맛이 괜찮다.'에 쓰일 마침표가 답을 갈구하는 갈고리를 내어 물음표가 되었다.

+   +   +

앞으로는 커피를 맛볼 때 변수끼리의 관계를 인지하는 데 관심을 두기로 한다. 주로 쓰던 [원두 12g. 수온 93도. 추출량 150ml. 추출 시간 2분 언저리] 기준을 삭제한다. 커피의 품질이 대략의 범위 안에만 들어오면 된다는 마음으로, 최소한의 수준은 담보할 수 있을 것 같은 임의의 조합으로 드립하기로 한다. 수치에 부여하던 의미를 지우고 추출의 과정과 결과를 더욱 세밀하게 관찰할 작정이다.

커핑이 주가 되겠다. 핸드드립을 놓지는 않겠고, 비교 시음에서 재미를 찾으려 한다. 시간을 재지 않겠다. 전자저울 대신 계량 스푼으로 원두를 담겠다. 온도계는 쓰되 측정 침의 자그마한 각도 차이를 무시하겠다.

드립하는 감이 달라진 이후로는 드립 방법이 아주 변칙적이어서 그만치 커피도 변화무쌍하다. 추출이 끝날 때쯤 맛을 예상해 보는데 몇 번을 내렸던 원두라도 빗나가는 경우가 많았다. 심지어 연이어 내린 두 커피가 하나는 옳게 하나는 안 옳게 만들어지기도 했다. 외형적인 틀에 무관심한 게 이런 지경이니 기록을 남기기도 어렵거니와 뒷날 참고할 수도 없겠다.

커피 추출? 콩가루에서 좋은 성분들을 잘 우려내면 된다. 높은 수온이면 추출 속도가 빨라진다. 낮은 수온은 반대다. 뜸들이기 단계에서 가루의 반응을 보면 적절한 수온인지를 대략 알 수 있다. 추출 시간과 수온은 반비례로 조정되는 관계이다. 단, 여러 요소가 끼어들어 예외가 생길 수 있다. 물론이다.

아직 커피를 잘 모르니까 드립 방법에 절대적인 기준을 세울 수 없다. 취향의 차이라고 할 수 있는 맛의 범위 안에서 일단 편하게 드립을 하자. 맛에서 문제와 답을 찾자.

+   +   +

현재 추출되고 있는 성분의 정보는 향기로 표시된다. 향기가 약해지면 물 주입량을 줄여야 한다. 부정적인 향은 커피 마실 시간이 되었다는 알림이다. 커피를 내리는 동안 수시로 드리퍼에서 올라오는 냄새를 맡자. '탐색견 모드' 성능이 우수하면 핸드드립에 유리하겠다.

+   +   +

파나마 라 에스메랄다 게이샤 보케테. 가늘게 갈아도 굵게 갈아도, 분쇄한 가루를 헝겊에 펼쳤다 모으는 방법으로 미분을 줄여도 소용없었다. 드리퍼가 막혀 강제로 핸드드립이 종료되는 이상한 커피. 수온을 80도 중반으로 낮추는 파격적인 시도를 했다. 막히는 현상이 덜했다. 물이 너무 뜨겁다는 미분의 신호를 내가 몰랐던 셈이다.

원두의 목소리에 주파수를 맞추고 다시 드립하였다. '캐러멜을 옅게 바른 레몬 캔디'가 한계였다. 게이샤를 취급하는 카페에 가보고 싶어졌다. 한껏 뽐내는 게이샤를 만나고 싶어졌다.

+   +   +

풀리지 않는 문제가 생기면 그때에 기록을 남기기로 하고 당분간은 감각 훈련에 몰두하련다. 커피에 대한 오늘까지의 결론은 통째 가설로 확정 지었다.

종잡을 수 없는 지금의 변화를 변하는 대로 가만히 따라가기로 한다. 한동안은 (이미지가 떠오르는 한 잔의 커피나 필터 아트 정도의) 그냥저냥한 내용만 기록될 것이다.

+   +   +

158

요 며칠 전부터 맛있는 커피에 대한 흥미가 떨어졌다. 더 이상 새로운 커피는 없는 듯하다. 커핑이 아니고선 신품이 새로운 맛으로 연결되지 않으니까 말이다.

커피는 우리네 삶과 닮았다. 내가 있다. 너도 있다.

555.5.5. 오달지는 필터 아트

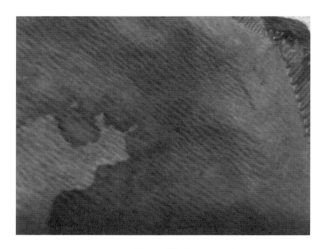

물 그림자

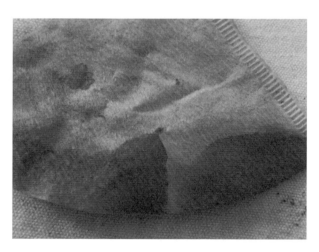

백척간두

160

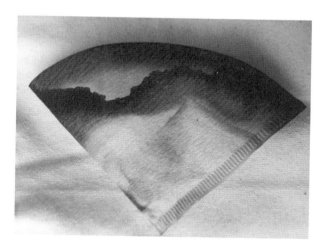

기꺼이 가리다

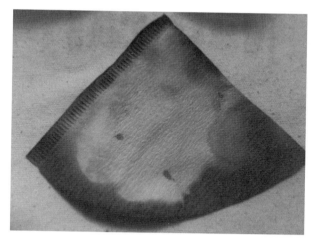

마음을 다해 부르면

2013.11.1. 당근 주세요

이제 50g쯤 남았을까? 편애하여 너무 아끼는 것 아닌가 하는 생각이 들기도 한다. 실은 내 드립 실력에 엄두가 나지 않아서 그랬다. 두 번 먹을 걸 한 번으로 참았었다. 오늘 저녁에는 과감하게 15g을 쓴다. 추출량을 늘리고 싶어도 필터를 막아 강제로 추출을 종료시켜버리는 보케테의 매력(?!)을 극복할 수 있을지 얼른 세부 계획을 세우자.

... 안 되겠다. 브레인이 모의실험을 돌렸는데 나의 요구를 만족시키는 방법은 나오지 않는단다. 그만 포기하고 적은 추출량을 받아들이기로 한다. 원두의 효율이 낮게 설정된 권고안을 따를 수밖에. 15g 중에 10g만 사용되는 셈이더라도 맛이 좋으면 만족하겠다고 각오한다. "초반에 수위를 많이 올리세요." 시작하자.

[칼리타, 15g, 93도, 130ml 추출]

콩이 갈리는 느낌이 이전과 같지 않다. 밀도가 변했는지 부드러워졌다. 가루의 향기는 여전히 좋다. 새콤새콤 달콤달콤하다. 뜸물을 붓는다. 커피빵이 덜 생긴다. 나름 높은 수온인데. 며칠 전이라면 90도도 안 될 때의 수준이다. 계획이 어그러지기 시작한다. 하지만 난 브레인의 보고를 검토하며 이미지 트레이닝을 해두었지. 스스로를 진정시키며 대비한 방법으로 추출을 진행한다.

"물의 흐름이 빠르면(=드립한 물이 드리퍼에 짧게 머무르고 금방 서버로 떨어지면) 커피 성분 추출이 잘 안 되고 있는 상황이다.'라고 진작에 이론을 정리해 두었음에도... 물을 더 천

천히 부었어야... 분할을 활용하며 수위를 더 느릿하게 올렸어야....'

　연이은 안 계획한 장면들에 진정은 개뿔, 결과는 과소 추출 된 신맛에 워터리가 보조하고 필터 향이 덤이다. 먹을 만하다만 그래도 아니다.

+　　　　　　　　　+　　　　　　　　　+

　경험 부족, 좁은 시야는 상황이 틀어질 때 당황을 부른다. 생각지 않은 흐름에는 대응이 어렵다. 때때에 최적화를 시키려는 노력 없이 기계적으로 살아서는 안 좋은 이유이다. 시야를 고정시키지 말아야 한다. 융통성이 있어야 한다. 세상에 '완전히 똑같은' 일은 없다. 하다못해 사건의 발생 시간이나 발생 장소 둘 중 하나는 반드시 다를 것 아닌가? 말이 너무 거창하다 해도 상관없다. 반복해서 느끼는 나의 단점인데 커피가 이를 일깨워준다.

　'보케테 선생님! 그대는 정말로 몸값을 하시네요!'

　2013.11.1. 〈체리빈커피〉 안티구아

[칼리타, 15g+, 85도, 1'40", 145ml, 〈보헤미안〉 따라 하기]

　13g을 계량했다가 조금 더 넣었다. 드립 방법은 앞서의 음베야와 비슷하며 시간을 줄이고자 노력하였다.

+　　　　　　　　　+　　　　　　　　　+

쓴맛이 괜찮은 초콜릿이 있다. 혀에 닿는 게 덩어리의 느낌이 아니니 물을 넣은 초콜릿 음료라고 해야겠다. 한편 '식어도 뒷심을 잃지는 않겠지?'라는 초반의 추측이 맞았다. 맛에 꾸준히 유지되는 어떤 바탕이 있어서이지 단순히 진한 농도를 이유로 하는 말이 아니다.

뉘앙스가 부정적인 맛이 있다. 다른 몇몇 커피들과 겹치는 듯해서 콩 자체의 특징이라고 하기가 미심쩍다. 문제의 원인은 콩일까? 드립 방법일까? (무죄 추정의 원칙에 따라) 물증이 없어 판단을 잠정 보류하기로 한다. 어쩔 수 없다. 확언하려면 조사해서 밝혀야 한다. 이것이 '〈JBC커피〉 에티오피아 예가체프 하푸사'에 대한 예의이다. 불상사를 반복해서는 안 된다.

+   +   +

'시설이 불안정한 무대임에도 주인공은 태연히 공연을 이어가고 있었다. 그런데 왜? 느닷없이 막을 내린' 모습이 안녕을 고했던 음베야라면 지금의 안티구아는 '안정적인 무대에서 주연급 조연들만 나오고 있는 공연'이다. 주인공을 내세울 수 있으면 더 좋겠다.

2013.11.2. 암~ 그렇고말고

원두량, 분쇄도, 물 온도, 추출 시간, 추출량, 물줄기 관리, 드립 포트와 친해지기, 드리퍼의 기능 이해하기, 물을 콩가루와 어떻게 섞을 것인가, 드리퍼에서 커피가 나오는 모양, 추출구 각각에서의 커피색과 추출량.

이상 현재까지의 관심사와 연구한 주제이다.

+   +   +

〈보헤미안〉 박이추 님의 핸드드립 동영상을 다시 보았다. 물을 붓고 서버 쪽을 살폈는데 경포대 점에서 본 것과 똑같았다. 나도 이처럼 하고자 한다.

+   +   +

칼리타 드리퍼의 가운데 추출구로 나오는 커피가 양쪽보다 묽었다. 2회차 물을 달팽이 모양으로 넓히지 않고 작은 원을 반복해서 그랬다. 각 추출구의 커피색이 조금 비슷해졌다. 만족스러운 안티구아가 나왔다. 캐러멜을 처음 느꼈다.

+

사실 맞다. 분쇄된 가루가 물과 고르게 만난다면 추출구로 나오는 커피도 색과 양이 고르겠다. 서버로 떨어지는 커피를 살핌으로써 추출이 잘되고 있는지를 평가하는 건 매우 타당하다.

의식이 점점 내려간다. 머리에서 손을 타고 드립 포트로, 드리퍼로, 추출구로, 서버로. 형식에서 점점 자유로워지고 있다. 때에 맞춰 바꾼다. 물줄기 모양도, 분할도. 입 속 커피로 되고 말고를 말해야 되고말고.

2013.11.2. 〈시우〉 시다모G1

떫이하는 커피. 과감한 물줄기로 뜸물을 부어보았다. 가루가 물을 생각보다 많이 먹었다. 이후로는 진행이 무난했다.

추출구로는 분명 묽은 커피가 주르륵 나왔었는데 이렇게나 진하다니. 참 알쏭달쏭하다. 뜸물이 넉넉해서였을까? 너~무 진하다. 콩에서 진동했던 청포도 향이 별로 없다. 짭짤한 맛에서 무언가 분화될 것 같은데, 지금 커피에는 20% 정도만 나왔다고 하겠다.

맛이라고 할 정도로 응축된 것에서만 향이 감지되니 나는 후각이 매우 둔한 사람이지만, 됐고, 지금 남기고픈 기록은 뜸들이기 단계에서 물을 충분히 쓰자는 것이다. 필요하면 가루 속으로 물을 밀어 넣어 반발하는 가스에 지지 않게 해야 한다. 그리고 하나 더, 지금의 커피처럼 맛이 너무 복잡해 깔끔해질 필요가 있으면 분쇄를 더 굵게 하자는 것이다. 끝.

2013.11.3. 많이 컸다

어제부터 그렇다. 원두의 컵노트를 보면 실제로 경험하게 될 커피의 밑그림이 그려진다.

산미를 담당하는 단어를 찾는다. 복숭아가 있다면 꿀이 가까울 테다. 청포도나 블루베리에서는 짠맛이, 생과일류는 밝은 톤이, 말린 과일류는 묵직한 질감이 기대된다. 단맛은 설탕류인지 초콜릿류인지를 본다. 설탕이라면 맑은 바디감을, 초콜릿이라면 부드러운 질감을 가지고 있겠다.

커피의 색감과 맛의 강도를, 나아가 로스팅 포인트까지도 추측한다. 맞추고야 말겠다는 마음이 아니니까 예상의 옳고 그름은 전혀 문제가 안 된다. '추측 → 확인 → 평가 → 지식 수정 → 추측 → 확인'을 즐길 뿐이다. 현재 세 가지가 확실하다.

1. 커피와 친해지고 있다.
2. 커피의 전체와 부분을 동시에 생각할 수 있게 시야가 확장되고 있다.
3. 미각 훈련하기, 맛과 향 구분 짓기가 필요하다.

+   +   +

'녹차 카스텔라를 두 쪽째 먹고 있었다. 옆에서 내게 먹지 말라고, 빵을 좀 보라고 했다. 어두운 점들이 눈에 들어오자 입 안에 곰팡내가 진동했다.' 저 때를 돌이켜보면, 내가 맛과 향을 잘 느끼지 못하는 건 선천적으로 둔감한 것보다는 집중력 부족의 영향이 크다고 하겠다. 그렇다. 개선될 여지가 있다.

선천적 음치(音癡)와 후천적 음치가 있다면 나는 후천적 음치이다. 설상가상으로 후치(嗅癡)에 미치(味癡)인데 그래도 계발하면 되겠다. 후천적이니까...만색 미래가 아니지...치지 말기...어코...리아...쫌!...생이...겠다!

+

"커피, 너는 훌륭한 친구다. 내가 정한다. 받아들여라. 옆으로 와라."

2013.11.12. P턴

커피 맛을 더 정돈하려면 원두 분쇄 품질을 높여야 한다. 새 그라인더를 영입하지 않고는 방법이 없다. 결코 넘을 수 없는 벽이다. 현실을 직시해야 한다. 갈 수 없는 저편은 포기함이 마땅하다. 그리고 시작하자, 이 자리에서. 지금의 조건을 받아들이고 만드는 커피는 바로 나만의 이야기이다.

칼리타 KH-3 핸드밀. 수온 92도 전후. 원두 15g가량. 대략 150ml 추출. 원두:추출량=1g:12ml는 기준점. 낮은 배전의 원두는 반 정도 추출 후 희석. 높은 배전은 모든 양을 추출. 시간은 1분 30초에서 2분. 과다 추출의 쓴맛이 나면 수온과 추출 시간을 조정. 물줄기 굵기와 스윙 속도 조절. 콩가루 전체가 충분히 적셔지도록 물을 부어야. 필터를 자극하지 말아야. 겉모습은 중요하지 않아.

핸드밀을 탓할 것 없다. 느낌 있는 커피를 위해 노력하자.

《2013.11.14. 생각생(生)》

생각보다 따분한 세상에 지쳐갈 제 그대를 만났고
생각보다 아름다운 세상을 알았다

그대와 함께인 시간을 잇다 생각보다 험난한 세상에 울었고
그댈 보낸 일상은 생각보다 잔인한 것이었다

행복했던 날들의 빈자리에서 가만히 가만히 잔바람을 타는데
세상은 생각보다 신비하며 언제나 내 생각보다 넓다고 생각된다

터버키 돌아서네
  터벅히 낙엽길로

바스르억 바스르억 억
분절되는 시절연(時節緣)아
갈 길 모른 눈물이
뚜우욱뚜욱뚝 떨진다

슬프시 선 흙먼지 바람을 따르고
거뭇한 잎이 와 눈물자욱 덮구나

가
바 스 라 지 어 간
다

2014.3.13. 〈나무사이로〉 에티오피아 하치라

전화하는 새 끓었던 물이 83도로 식었다. 귀... 그냥 뜸들이기한 후 찝찝... 드립 포트에 남은 물을 전기 포트에 쏟아 뜸을 기다리는 동안 재가열했다. 적었던 물도 보충하고 온도도 93도로 올렸다. 15g의 원두로 50ml의 커피를 뽑아 150ml로 희석했다.

맛나다! 식어가며 부담스러운 맛들이 생기지만 그래도 발전이 느껴진다. 만족.

2014.3.13. 〈커피라디오〉 에티오피아 아리차

300g에 13,500원이었나? 할인이 없어도 싸다. 강배전이 그리워 아리차를 골랐다. 그리고 택배비를 아낄 겸 다른 원두를 추가하였다. 일주일 이상 된 원두를 무작위로 주는 '룰렛'과 'CoE 룰렛'이었다. 아리차의 경우 홈페이지에는 케맥스를 추천하고 있다. 내겐 칼리타가 있다. 연구 모드로 들어간다.

[실험]
1. 커피가 연하면 좋겠다는 생각으로 드립하였다. 별로였다. 맛과 질감에 연관성이 없었다. 탄 맛도 두둥 떠 있었다.
2. 진하게 뽑자고 점드립을 시전하였다. 탄 맛이 약해지기는 했으나 아직 부담스러웠다. 바디감에 빈 곳이 느껴졌다.
3. 에센스만 뽑을 요량으로 신점드립을 행했다. 시간을 꽤 긴 듯하게 써서 [30g, 85도, 100ml 아래]로 추출하였다. 성공! 딸기

요거트였다. 멜론 느낌도 났다.

[복기]

실험1.은 너무 많은 물을 부었다. 가루가 분화구처럼 푹 파였다. 드리퍼 상단 테두리에 도넛처럼 폭이 있는 띠가 남았다.

실험2.는 방울로 물을 잘 떨어뜨리다가 마지막에 실수하여 물줄기를 흘렸다. 실험1.과 비슷하게 꺼진 모양이 만들어졌다.

실험3.에서는 더욱 집중하였다. 가능한 한 골고루 점점점 물방울을 떨어뜨렸고 계속 유지하였다. 신점드립의 마지막 단계로, 성기고 완만하고 오목한 모양의 가루 표면 한가운데에 약간의 물줄기를 부었다. 거품이 솟으면서 가루가 내려앉았다.

+   +   +

쓴맛, 물맛 최대한 배제한 에센스가 아주 괜찮다. 설탕을 섞으면 과일 사탕 맛이 나 사람들이 좋아한다. 물로 희석하면 바디감이 이상하리만치 두각을 나타내면서 과일의 향미가 죽는다.

점드립은 시간이 경과되는 만큼 팔의 떨림도 커져서 보는 이로 하여금 드립하는 나를 가엾게 여기게 한다. 추출을 마치고 설탕을 녹여 내어드리면 사람들은 하던 이야기에 곁들여 잔을 든다. 기다림에 반비례하게 적은 양이지만 색이 어두워 속을 알 수 없는 커피를 찔끔 삼킨다. 설탕 - 마법의 가루 - 만 해도 달달하여 즐거울 텐데 어우러지는 진득한 과일 향은 아주 새로운 경험이라 순간 이야깃거리는 무엇이든 커피에 잠긴다. 비로소 나의 고생이 정성으로 승화되어 상대에게 먹힌다.

복습을 하자. 인터넷에서 배운 대로 드립 포트를 비스듬히 뉘어

점드립을 하면 보는 이로 하여금 시각적 흥미를 기대할 수 있다. 점차 힘겨운 듯 팔을 떠는 게 포인트이다. 할 말이 있어도 입을 먼저 열지 않는다. 상대가 말을 걸어오면 짧게 답한다. 오롯이 타인이 되어 커피를 내어드리는 순간까지 고집스레 혼자의 시간을 보내면 맛이 깊어진다.

이것이 새로 탄생한 핸드드립이다. 맛이 없어도 맛없다 말할 수가 없는 커피를 만든다!

2014.3.23. 꽃처럼

어제와 같은 오늘, 이어라
어제와 다른 오늘. 피어라

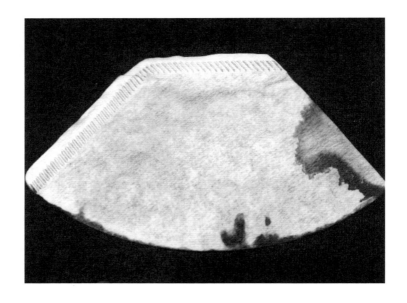

얼마나 가치 있는가 = 얼마만큼의 손해를 감수할 수 있는가

2014.3.25. 일동 기립!

〈시우〉 협찬으로 바라짜 마에스트로 그라인더를 들였다. 커피 맛이 핸드밀과 분명하게 달랐다. 훨씬 깔끔했다. 2팝 이전의 원두에서는 차이가 더 났다. '전동밀은 부족한 드립 실력을 보완해 준다. 진짜다! 그렇지만 여기까지다.' 전동밀을 흠모했었는데 이내 흥미가 떨어졌다. 나는 연습, 연구에서 커피 생활의 의의를 찾으니까 맛이 좋아진다는 이유 하나만으로는 구미가 당기지 않았다.

그래도 경험하지 않고 지나갔으면 아쉬울 뻔했다. 요즘에는 에센스를 뽑아서 희석하여 마시고 있다. 웬만하면 먹을 만한 품질이 나오니까 핸드드립 연습은 시들했는데 '핸드밀로 전동밀 발치에 미칠 커피 만들기'라는 목표가 생겼다.

그나저나 마에스트로님이 현장에서 지휘하실 때 맛난 약배전을 두루 감상하면 좋을 텐데. 총알 압박이 세다.

2014.4.1. 이별

핸드밀로 갈면 미분이 많다는 치명적인 약점이 있다. 2팝을 들어간 콩은 덜하지만 그 전에 배출한 경우 핸드밀로 갈아서는 드립하기가 여간 까다로운 게 아니다. 확실히 그렇다. 미분을 제어하는 실력은 없어도 된다. 전동밀을 쓴다면 말이다. 나는 우선적으로 깨끗한 커피를 원하니까 에센스를 최대한 진하게 뽑기로 방향을 정하고 다시금 칼리타 핸드밀을 든다.

'에티오피아 하라 핸드드립 커피.' 바라는 분위기가 있는 한 잔에서 희망을 본다. 필터 결점을 필두로 여러 장벽이 버티고 있지만 마음이 가볍다. 마에스트로님의 지도 편달을 받아 핸드밀로 갈아 내린 커피의 문제점을 구체화시켰으니 조만간 해결할 수 있을 것 같다. 드립할 때 물줄기를 잘 관찰하였다가 커피 맛으로 원인을 추적하고 개선해야지. 자기 암시를 하자. '답이 보일 것이다. 답이 드러날 것이다.' 더 쓰라고 하셨지만 돌려드리기 위해 전동밀을 포장한다.

"마에스트로님, 안녕히 가세요. 오래도록 기억될 거예요."

+

헤어지는 날을 채 다 채우기 전에
그대여   이별을 받아들입니다.

2014.4.7. 뮃

바꾸거나 바뀌라는 게 아니야. 아니다 싶긴 한데 맞는 걸 몰라 만사 귀찮고 느슨해지는 상황에선 그냥 평소완 다른 뭔가를 해보란 말이야. 두 수, 세 수 앞을 내다 봐봐. 보람이 따르지 않는 시도도 삶을 '정교화하는' 작업인 게 보이지? 시도 자체가 가치 창조야. '시행착오' 따위는 손톱만큼도 표현 못 해. 지금의 시도는 목적에도 성취에도 관심이 없는데? 착오가 아닌데? 묻지도 따지지도 말고 그냥 시도! 위험 부담이 큰일은 숙고해야 해. 단지 시간과 수고로움만이 요구된다면? Do it! 한번 느껴보란 말이야. 머리 밖에서 말이야.

- 조언에 입맛이 까다로운 나를 위해 차려 봄 -   (대충 좀 먹어라.)

2014.4.10. 에센스 추출의 장애를 넘어보자

에센스를 추출하려면 물줄기를 가늘게, 약하게 써야 한다. 가루 표면에 물을 얹고 중력만으로 용액을 받아야 한다.

176

값싼 보급형 핸드밀을 쓰면 미분이 많아 추출하기가 까다로워진다. 그래서다. 동영상처럼 정성스레 드리퍼에 물을 부으면 물이 'Y' 모양이 아니라 'ㅅ'으로 흐르는 경우가 많다. 이러면 드리퍼 하단 가운데가 상대적으로 덜 추출된다. 물을 조금씩 살살 흘리고 있음에도 특히 테두리 부분에 멀건 물이 올라온다면 'ㅅ'을 각오 해야 한다. 필터 냄새가 날 것이다. (낫 놓고 기역만 알면 되는 줄 알았다. 드리퍼 놓고 시옷을 알아야 한다니. 환장 파타다.) 핸드밀을 써야 문제가 잘 드러난다. 좋은 그라인더는 예외다.

이를 극복하려면 1회차 주입에서 물줄기를 아예 가루 속으로 넣어야 한다. 교반이 많이 일어나게 해서 다음에 투입될 물이 원활하게 흐르도록 바탕을 만들어야 한다.

물을 가루에 살살 얹으려는 의도에 맞게 주둥이 끝을 아래로 내려뜨린 드립 포트라서 지금 장애를 넘는 데 요긴할 강한 물줄기가 만들어지지 않는다. 이미 손본 주둥이는 되돌리지 못하니 낙차로써 힘을 붙이면 되겠다는 것으로 위치 에너지를 떠올린 나를 칭찬하며 이론적인 정리를 마친다. 실전에서 확인해 보자.

2014.4.13. 행복하게 살려면

인과법과 연기법은 이기적인 욕망으로 행복을 구하는 자에겐 풀수 없는 족쇄가 되어 좌절을 안기고, 이타적인 선행으로 행복을 구하는 자에겐 일상의 햇살처럼 축복과 행운을 주며, 자타불이의 지혜로 행복을 구하는 자에겐 가고자 하는 곳에 이르도록 하는 훌륭한 안내자가 되어 준다.

세 부류 모두에게는 얼마큼의 기쁨과 얼마큼의 괴로움이 동반된다. 그러므로 행복하게 살려면 눈앞의 기쁨이나 괴로움으로 수단의 옳고 그름을 평가하면 안 된다. 원리, 원칙 위에서 삶의 방식을 선택해야 한다. 멀리 보아야 한다. 기쁨에 들뜨거나 괴로움에 낙담하지 말아야 한다.

2014.8.16. 마음을 다해 불렀다

"찾았다아~! 게이샤~~~!!! 나이샤~~~!!!!!"

보케테. 그리운 커피. 다시 만나고 싶은. 이 커피만의 매력에 당시를 떠올리면 변함없이 미소 지어진다. 누군가는 에티오피아보다 화려한 커피가 게이샤라고 했다. 내게는 꼬마 아이의 명랑함이 에티오피아라면 귀족의 품위까지 서려 있는 게 게이샤이다. 게이샤는 보다 은은하고 보다 편안하며 보다 확고하다.

다른 게이샤를 만나도 감흥이 재현될까 안테나를 세워 두고 있었다. (차익... 차아익... 차직. 뚝) 하늘을 올려다보는 걸 일과로 삼았다. 별똥별도 못 보았는데 소원을 이루게 생겼다.

'지금 만나러 갑니다.'

++‡ ++‡ ~

버스만 해도 한 시간을 넘게 타고 가서 골목을 훑었다. 저기 앞에 오른쪽으로 공원이 보였다. '맞은편에 건물이 하나 있을 것이다. 아무것도 모르는 오늘의 주인공이 있을 것이다.' 두근두근 다가갔다. 〈AG COFFEE LAB〉. 이름이 외벽 위쪽에 대문짝만하게 적혀 있었다. '울지 말아야지.'

대문짝에는 -휴가기간- 이라고 쓰여 있었다. '일고초려를 채웠다!' 보이는 만큼만 구경하고 가자며 투명한 창 너머를 보았다. 사람이 보이기에 소리 내어 인사를 드렸다. 문이 열렸다. 대표님이셨다. 개인적인 약속으로 잠시 매장에 나왔고 일을 마쳤으니 여유가 있다고 하셨다.

게이샤 추종자가 된 인연을 밝히고 원두를 찾았다. 열흘 정도 지난 게이샤가 있었다. '여닫지 않은 까닭에 산패는커녕 향미가 더욱 진해졌으리라.' 내 스타일로 맛보고 싶어 소분 구매를 문의하였다. 오래된 원두를 팔 수 없다며 새로 볶아서 그냥! 주시겠단다.

대표님 : 세 가지 중에 뭘로 드릴까요?

나 : 보케테요.

대표님 : 그 생두는 선주문 방식이고 트라피체나 마리오가 경매로 나오는, 더 비싼 겁니다.

나 : 그럼 마리오요. 마리오 게이샤가 인터넷에 종종 보이더군요. 고급이라고 하면서요.

대표님 : 가격은 트라피체가 제일 비싸요. 아무래도 비싼 게 맛있더라고요.

나 : 추천하시는 것으로 할게요. 감사합니다.

'이것이 신세대 단어라는 '답정녀'의 상황인가? 초면에 가장 비싼 게이샤를 선물하다니.' (Amazing Grace)

음료를 주문할 수 있었다. 드립 커피를 부탁드렸다. 게이샤는 〈나무사이로〉와 마찬가지로 풀(full) 추출(?)이었다. 기대 반 염려 반으로 마음속 말을 꺼냈다. "산미를 단맛이 살짝 감싼 정도로 추출한 커피를 추구합니다." 두 번째 커피인 코케를 알맞게 뽑아 주셨다. 무슨 부탁이 더 필요할까? 역시 전문가이시다. 게이샤 원두 무료 증정에 발급한 가산점 쿠폰은 다음에 쓰기로 했다. 이런저런 이야기를 나누었다. 과테말라 CoE 커피로 한 잔을 더 주셨다. 역시 만점짜리 분위기가 났다.

하리오 드리퍼와 시다모 네파스 원두를 집어 계산하는데 삼만 몇천 원이 나왔다. 암산을 해보았다. '게이샤 드립 커피는 18,000원인데 잠정기간 10,000원에 판매 중이다. 일행과 나는 합하여 두 잔을 마셨다. 하리오 드리퍼와 여과지와 네파스 200g을 샀고, 게이샤 원두는 선물이라 하셨으니 빼고....' 내 아무리 문과이지만 첫 단위가 삼만 원은 말도 안 되는 줄 알았다. 이상하다고 말씀드렸더니 게이샤 핸드드립도 공짜라고. 오만 원권 한 장을 드리고 잔돈을 고사했다. 따지고 보면 트라피체 200g만 해도 웃돈을 얹어야 할 것이었다. (이미 재방문 의사가 확고했는데. 게이샤를 만날 수 있는 것만 해도 감개무량했는데. **감사합니다.** 궁서체)

사람 곁에서 빛을 내는 스페셜티 커피. 나와의 조합이 뭇 존재들의 행복으로 이어지기를.

게이샤에 가졌던 회포를 모두 풀었다고 한다.

2014.8.22. 내맘대로 커핑

커핑, 오랜만이다. 〈클럽아프리카〉의 에티오피아 원두 3종을 준비했다. 오로미아, 함벨라, 예가체프 아다도. 모두 Sun Dried이다. 오늘을 위하여 같은 프로세싱을 주문했었다.

+

맛을 본다. 서로 다르다는 것은 알겠다. 함벨라는 블루베리가 특징이다. 아다도는 크랜베리? 신 자두? 붉으면서 산미가 강한 과일이 연상된다. 컵노트를 참고해 딸기라고 한다면 새콤한 딸기다.

+

비강이 열리지 않은 관계로 미세한 향을 잡아내지 못한다. 치명적인 핸디캡이다. 그렇지만 괜찮다. 가볍게, 즐기는 마음으로 접근해야지. 잘해야 한다는 생각은 개나 줘버려.(용서하개.) 뭐라도 느끼는 자체를 재미 삼아서. 작명처럼 내 마음대로인데 신경 쓸 것 없지. 커핑도 중독이다. (사실 드립보다 맛있어서 그렇다는.)

아무튼,

핸드드립과 에스프로프레스는 어떨지 기대가 생긴 즐거운 커핑이었다. 다음 시간에는 에티오피아 시다모 수케 쿠토와 케냐 칭가 피베리를 알아보겠다. 워시드 프로세싱이다. 공부 분위기가 눈누난나 난다.

<u>2014.8.22. 꾸미시여!</u>

'주어진 자유 속에서 방종하지 말라.'
- 꿈에 문득 든 생각에 잠에 깨 얼른 씀 -

요즘 계속 힘들었다. 문제는 있되 뭔지 모를 문제에. 이거다!

+   +   +

나태하게 산 게 하루 이틀이 아닌데 다행인지 불행인지 그럭저럭 살아졌다. 게으름으로 인한 큰 탈이 아직 생기지 않았음에도 좌시할 수 없는 문제로 삼는 이유는 이런 습관 때문에 언제 크게 데일 날이 올 것 같아서이다. 아무리 사소한 얽힘이라도 결정적인 하나를 모르면 영원히 풀 수 없다. 그러므로 결코 시간이 있다는 생각에 성격 고치기를 미루어서는 안 된다. 별거 아닌 게 그리 만만한 것이라면 대신에 다른 문제를 풀고 있어야 한다. 하나를 제대로 풀었다면 같은 게 다시는 문제가 되지 않아야 한다. 아직 꼬여 있는 문제에 대고 가볍다 말한다면 얼마나 오만한가? 과거를 돌아보았다.

무엇을 위해 살아야 하는지, 어떻게 살아야 하는지, 마땅히 할 일은 무언지. 수많은 답 중에 왜 그게 적절한 답인지를 끄덕이게 되는 그런 답을 듣고 싶었다. 고개를 가로젓게 되는 답들을 들으면서 풀이 죽은 나는 점차 행동반경을 좁혀갔다. 그러던 어느 날부터인가 변화라곤 밤낮이 전부인 삶의 쳇바퀴가 돌아가기 시작했다. 작고 뻔한 공간이 답답했으나 한편으로는 물어도 아무 답이 없는 쳇바퀴 안이 차라리 편했다. 답답한 쳇바퀴가 안팎으로 힘을 받으며 답답하게도 돌아갔다.

'무엇이 쳇바퀴의 축을 지지하고 있는 줄 아는가?'

삶의 의지가 없다고 마냥 가만히 있어서는 안 된다. 출가한 삶 - 제 몫을 노동하여 벌지 않는 환경 - 에서 이런 식이면 방종을 넘는다. 필요한 만큼 밖으로 답을 구하는 동시에 내적으로도 고민의 깊이를 더해야 한다. 때가 되면 스스로에게 물어도 답이 나온다. 답다운 답은 답답한 머리를 벗어나게 한다. 그렇게 도무지 막혔던 길이 트이면 내면은 재구성되느라 꿈틀거리기 마련이다. 이와 같지 않은 답은 일시적으로 답답함을 풀 뿐인데 그래도 답은 답이다.

변해야 한다. 한쪽 전원이라도 끊어야 한다. 겉모습은 개의치 말고 무기력한 내면부터 보듬어야 한다. 이미 모근이 쭈뼛했으니 무서운 지옥 이야기는 떠올리지 않아도 되겠다. 답을 찾는 여정길로 당장 발을 떼지 않고 언제까지 방구석에서 날씨나 쳐다보고 있을 거냐 질책이 되었다. 자유. 방종. 한동안은 덜 답답하겠다.

2014.8.23. 〈클럽아프리카〉 사파리 블렌드

[에스프로프레스, 약 13g, 91도, 가루에 물 붓고 3분 후 가볍게 저음, 2분 후 10초 정도 눌러 추출함. 200ml를 목표하였으나 180ml 가량 나왔음]

'화이트 와인, 달콤한 과일, 긴 여운, 은은한 신맛.
하푸사 + 콩가 + 함벨라의 에티오피아 3종 블렌딩.'

봉투에 적힌 정보는 저렇고 내 커피는 일단 과소 추출이다. 내가 이런 건 쉽게 인정하지. 가뿐해졌다. 맛을 보자.

은은한 신맛에 고개를 끄덕이긴 하겠는데 웃프게도 맹맹한 참외 같다. 강하게 응집된 다른 신맛도 있다. 견과류의 단맛이 있어서 심심하진 않다. 5분이라는 추출 시간이 길까 걱정되었는데 더 끌어도 되겠다.

'풍미를 진하게 만들 궁리를 해야지. 이 원두 재미있다.'

2014.8.23. 길치 극복 프로젝트

한국커피문화진흥원에서 플레이버 맵을 제작하였단다. 프랑스 르네뒤뱅의 아로마 키트도 있지만 반가운 대한민국 제품을 먼저 알아봐야지.

시향을 오래 해도 머리가 덜 아프게 향기 에센스의 품질을 고려 했다니 금상첨화. 더 저렴하니 마당 쓸고 돈 줍기다. 커피에서 찾아진다고 하기에는 플레이버 맵의 향은 너무나 또렷하고 진해 서 양날의 검이라는 평이 있는데 그래도 초보에게는 대개 유용할 것으로 예상한다니 꿩 먹고 알 먹기다. 아로마테라피가 따로 없으 니 님도 보고 뽕도 따고다. 개발 초기라 업체에 응원이 되니 누이 좋고 매부 좋고다. 이게 일석에 몇 조인가? 샀다.

상자를 열었다. 아로마 병이 닫혀 있는데도 얼마나 향기를 내뿜는지 모른다. 미소로 맞이하며 미리 준비한 드립 커피와 함께 체험을 시작!

나는 향과 맛을 혼동하고 있었다는 사실에 띠용. 몇몇 꽃향기는 매니큐어 냄새라는 거. 내가 아는 자두랑 제품의 플럼은 다르다는 거. 향처럼 생각들도 온갖 섞여서 어지럽다는 거. 커피는 도통 모르겠고, 빙빙빙, 혼란한 지금, 일단 후퇴. 닫았다.

아로마 키트보다 한국커피문화진흥원의 플레이버 맵이 개봉 후 품질 유지 기간이 더 길다고 하니 천츠언히 가지고 놀아야지. 시간은 나의 편이길!

2014.8.24. 워시드 프로세싱 2종

오늘은 〈클럽아프리카〉의 케냐 피베리 칭가와 에티오피아 시다모 수케 쿠토를 커핑했다. 감각 훈련의 성과가 있는지 향이 여러 가지로 펼쳐져 느껴졌다. 다만 아직은 특정할 수 있는 종류의 숫자가 적었다.

[칭가]
1. 다크 초콜릿이 놀라운 수준.
2. 내가 주스와 크랜베리로 적은 게 업체에서 말하는 화이트 와인의 산미가 아닐지. 달콤한 느낌은 아니니까 말이다. 화이트 와인을 마셔봐야 알겠다. 사파리 블렌드와 닮은 산미도 있다. 짝지어 커핑을 해야겠다.

3. 역시 케냐인 건가? 매우 풍부하고 강렬하다.
4. 견과류. 무게감 있는 고소함. 땅콩??

[수케 쿠토]
1. 베리류 주스.
2. 견과류. 기름지고 가벼운 고소함. 잣??
3. 연둣빛 이미지. 달달하다.

\+   \+   \+

   국내에도 방방곡곡 좋은 로스터리가 많아서 양적으로도 질적으로도 노력하는 만큼 풍성하게 즐길 수 있다. 나는 전자를 위해 인터넷을 켜면 탐정이 된다. 후자도 챙기고 싶은데 노력한다고 될까 자신이 없긴 하다. 욕심쟁이를 기쁘게 하려면 미각 훈련밖에 방법이 없다. 힘들다고 도망갈지 모르니까 삼단논법으로 묶어버려야지. 폐소 공포증이 조금 있는데 플레이버 맵이 있어 의지가 된다.

A=B 나, 커피를 즐기려면 미각이 좋아야 한다.
B=C 미각이 좋으려면 커핑(with FM)을 해야 한다.
A=C 커피를 즐기려면 커핑을 해야 한다.

2014.8.25. 생활의 발견? 자신의 발견!

   '맛은 맛이고 향은 향이다. 물론이지. 말해 뭐해? 입만 아프지.'

플레이버 맵을 들인 이후로 일상에서 남모르게 향미 훈련을 하고 있다. 오늘 아침에는 키위를 음미하다가 '키위=새콤하고 시큰한'으로 머리에 저장하고 있음을 알아차렸다. 향기 정보는 쏙 빼고서.

몸 상태가 좋지 않으면 코가 자주 막힌다. 입에서 코로 연결되는 길은 컨디션이 좋을 때에도 샛길이라 이중고를 겪는다. 맛은 자극이 커 무난하게 감지하지만 향은 작정하고 찾더라도 깜깜하기 일쑤다. (여태 내가 적은 컵노트는 무어란 말인가?) 이제라도 알았으니 다행이다. 심혈을 기울여 챙겨야 한다. 둔하디둔한 후각을 계발해야지. 훈련하자.

2014.8.29. 내맘대로 커핑 - 에티오피아 4종

공동 구매 찬스로 만난 〈클럽아프리카〉와 함께한다. 과연 내추럴과 워시드를 구분할 수 있는지를 알아보는 시간. 신뢰도를 높이기 위해 블라인드 테이스팅을 한다. 〈커피리브레〉에서 주문한 커핑 볼의 바닥에 번호를 적고 차례로 콩을 넣은 후 야바위로 섞은 다음 분쇄를 한다. 물을 부어 맛을 본다.

[답과 업체의 안내와 커핑 내용]

1. 아다도 (선 드라이드. 딸기. 신선한 베리. 크림. 달콤한 과일향.)

→ 블루베리. 풍부한 맛은 아님. 베리류(딸기?). 워시드, 함벨라로 추측.

187

줄곧 선호도 1위를 유지함. 공동 구매에서 유독 인기를 끌었던 이유를 알겠다. 딸기 향을 느꼈음에도 함벨라로 낙점한 것은 분쇄된 가루의 말끔한 향기 때문이었다. 오판이었다.

2. 함벨라 (선 드라이드. 블루베리. 망고. 살구. 잘 익은 과일. 달콤한 여운.)

→ 아몬드. 레몬 캔디. 워시드, 수케 쿠토로 추측.

 가장 약한 배전도. 신맛을 감싸고 있는 단맛. 그래서 부드럽게 느껴지는. 아몬드가 인상적인. 선호도는 3등.

3. 사파리 블렌드 (하푸사+콩가+함벨라. 화이트 와인. 달콤한 과일. 롱 애프터. 은은한 신맛.)

→ 포도류의 신맛. 와이니. 밸런스 좋음. 견과. 선 드라이드, 사파리로 추측.

 후반부로 갈수록 밸런스가 좋아졌다. 선호도가 4등인 것은 지극히 개인적으로 안 좋아하는 신맛 때문이다. 결점이 아니므로 입맛이 바뀌면 등수가 오르겠다.

4. 수케 쿠토 (워시드. 달콤한 꿀. 메이플 시럽. 은은한 꽃향. 기분 좋은 산미. 매우 달콤한 풍미.)

→ 베리류의 신맛. 짙은 과일의 풍미. 25분 이후로는 향이 별로임. 선 드라이드, 아다도로 추측.

 분쇄할 때 났던 향으로 높은 점수를 따고 들어갔다. 커핑 초반, 짙은 과일의 풍미에 빠져들었다. 이게 뒤에는 매력이 떨어졌다. 부드러운 신맛이 좋았다.

[오늘의 평가]

0. 프로세싱을 맛으로 구분하지 못한다는 사실이 적.나.라.하.게. 드러났다! 흑흑....

0. 업체의 컵노트를 옆에 두고 커핑했어도 완벽하게 블라인드 테이스팅이 되었다.

0. 함벨라는 선 드라이드인데?!

0. 사파리 블렌드는 워시드 1종과 선 드라이드 2종으로 만들었다.

1. 내가 적은 테이스팅 노트가 로스터리의 컵노트와 비교해 심하게 엉뚱한 건 아니라서 다행이다. 즐기자고 하는 커핑이니 틀려도 상관없다는 생각이 확고하지만 마음에 영향이 있는 게 사실이다.

2. 향 구분을 잘 못한다는 약점을 인정하고 커핑을 했다. 커핑은 자기 극복을 위한 노력이다.

3. 향미 훈련에 임하는 각오가 비장했다.

4. 핸드드립을 계획하였다. 수케 쿠토는 높은 수온으로 짧은 시간에 추출하거나 앞부분만을 진하게 추출하여 희석을, 사파리는 반대로 충분히 추출하면 좋겠다.

2014.8.30. 커핑, 나에게 도전하다

'노력 없이 기대치만 높았음을 감안하지 못했다. 성공 여부를 성과의 잣대로 삼았기에 거의 모든 노력을 실패, 헛됨이라고 낙인을 찍었다. 결과적으로는 실패한 일이지만 일부분에 성과가 있기도 하였다. 어리석은 나는 저 성과의 뿌리가 의지하고 있는 그간의 노력들까지도 폄하했었다. 재평가를 하자. 나는 정말로 열심히 살았다. 다만 제 딴에 필요한 만큼만, 관심이 가는 딱 그만큼만 열심히 하였다. 한편으로 나를 용서한다.'라며 작년 10월 18일에 나와 화해를 하였다. 이제는 손잡고 가려 한다.

성공하고자 시작한 일이면 하기 싫을 때에도 관심을 보내야 할 터. 가다 쉬다 가다 쉬다 해서야 언제 결과를 내놓겠는가? 나는 내 삶에서 '이러이러히 노력했다.'라고 자신 있게 말할 수 있는 경험이 무엇이 있을까?

요즘 내 커피는 실험적인 방법의 핸드드립에 한해 종종 버리게 되고 대개는 아쉬운 대로 먹을 만한 수준이 나온다. 그러니 즐기기에는 지금으로도 충분할뿐더러 그라인더를 바꾸면 당장에 더 나은 커피가 나올 것을 안다. 허나 돈을 실력 삼아 여기에서 멈추면 과거의 여느 함에서처럼 그럭저럭하게 끝나고 만다. 커핑, 후각 훈련으로써 '적당히 하고 말던 습관'을 넘고자 한다. 극기 훈련을 시작하자. 성공한다면 이 경험은 밑거름이 되어 도전을 두려워하는 내게 자신감을 심어 줄 것이다.

나는 바뀔 것이다.
나는 바꾼다.
내가 바뀐다.

+   +   +

향기를 잘 감별하려면 비강으로 숨이 드나들어야 될 것 같은데 나는 이게 잘 안 된다. 까닭에 신체를 보다 건강하게 만들면 커핑도 잘하게 되겠다.

삶의 의지가 박약해 신체적인 활동을 하기가 영 내키지 않는다. 침체된 심신이 건강을 등져가는 건 당연하다. 수행할 의지가 있다면 일단 치료될 기약이 없는 길 잃은 마음은 놓아두고 우선 몸의 건강을 챙겨야 한다. 마음의 문제가 해결될 때까지 몸을 방치한다면 이것은 옳지 않다. 무기력하게 아무것도 하지 않으면 실상 몸처럼 마음을 방치하는 것이나 다름없다.

'마음 저 깊이서 올라오는 의지가 없다.'

없어도 일으키면 그만인 줄 안다. 아니까 많이도 일으켰으나 번번이 유지하는 힘이 약했다. (힘없이 무너진 때의 허물은 전적으로 내게 있음을 역시 알고 있다. '있음'을 알지 '허물'을 모른다는 게 문제다.) 반작용 때문에, 호기롭게 으샤으샤해도 시간이 지나고 기가 꺾이면 힘낸 만큼의 좌절감으로 귀결되었다. 심신이 더욱 침체되었다. 그랬다. 악순환이었다.

극복해야 한다. 마음과 몸을 따로 떼어서 각각의 문제로 풀어가야 한다. 미래를 도모하기 위해서라도 몸을 지켜야 한다.

+   +   +

커피를 색감이나 질감으로 파악하며 마음에 기록하고 있었다. 어느 날, 일부 컵노트가 같았던 과거의 커피를 선명히 떠올리면서 새 커피를 맛본 적이 있었다. 기억은 남의 정보인 듯 낯설어졌고 새 커피의 컵노트도 애꿎게 의심하게 되었다. 지금까지 비슷한 경험이 여러 번 반복되었다. 향기를 잘 맡지 못해서거니 넘어갔지만 언제까지고 코만 핑계 댈 순 없다. 컵노트는 추상화 말고 구상화로 그려야 한다. (임재범이 부릅니다. '비상'.)

<u>2014.9.9. 괜찮다</u>

그야말로 귀족 커핑이다. 이것이야말로 고오급 아로마테라피이다. 비강이 뻥 뚫려 있으면 얼마나 좋겠느냐만 지금도 괜찮다. 〈AG커피〉에서 공부하라고 콩을 챙겨주셨다. 기분이 대류권을 뚫고 올라섰다. 그래서 괜찮다.

[전반전]
1. 〈테라로사〉 에티오피아 아리차 : 붉고 여린. 신 향기를 가진 꽃.
2. 〈모모스〉 엘살바도르 산타 마리아 : 구수한 곡물 향이 강한. 약 배전의.
3. 〈AG커피〉 파나마 게이샤 보케테 : 보라+푸른빛의 달달한 꽃.
4. 〈AG커피〉 코스타리카 CoE 몬테 코페이 : 밸런스가 좋은. 자세히는 모르겠다. 내가 부족한 게야.

[휴식 시간]
경기를 속개하기 전에 전반전을 음미하면서 어질러진 주변을 정리하였다.

[후반전]
커핑 볼의 영향으로 맛이 변질되기 시작한다. 그러하다. 지난번 커핑에서는 문제가 없었던 건 택배를 받고 세척 후 처음으로 썼을지라도 뜨거운 물을 오래 담아두었다가 버리고 바로 사용하였기에 그랬을 것이다. 오랜만인 오늘은 마른 상태로 커핑을 시작했으니 컵노트에 '도자기'가 나온다.

'어서 거듭나기를!' 커피가 배라고 커핑 볼에 끓인 물을 보태어 담았다. 아직 아리차와 보케테가 선명하게 떠오른다. 참 괜찮다.

(반쪽 ♥)

555.5.5. 오달지는 컵 관리

나는 용도를 나누어 컵을 쓰고 있다. (1) 커피, 차, 과일청 (2) 라떼 등 유제품 (3) 다용도이다. 이유는? 백문(聞)이 불여일견(見), 백견이 불여일행(行), 백행이 불여일각(覺)이다. 넉넉히 1시간은 잡고 실험을 하자.

[실험1] 쓰고 있는 컵을 여러 개 꺼낸다. 씻어 말린 후 끓인 물을 90% 채운다. 5분 혹은 10분 단위로 경과 시간을 표시하며 맛을 보고 기록한다. 상온의 물과 얼음물로도 해보면 좋다. 시간을 더 넉넉히 써야 할 것이다.

[실험2] 새 컵이나 오랫동안 쓰지 않은 컵을 깨끗이 씻은 후 완전히 말린다. [실험1]처럼 맛을 본다.

[실험3] 마른 컵을 세 개씩 가)와 나) 두 모둠으로 나눈다. 씻어 말린 후 가)모둠에만 끓인 물을 가득 담아두었다가 식으면 비운다. 바로 두 모둠에 끓인 물을 채우고 [실험1]처럼 맛을 본다.

[실험4] 컵 4개를 준비한다. 1번에는 드립 후의 가루를 담아서 끓인 물을 붓는다. 2번에는 커피를 담는다. 3번에는 아무 음료를 데워서 담는다. 4번에는 끓인 물을 담는다. 모두 가득히 담는다. 6시간 이상 경과 후 깨끗이 씻는다. 완전히 마르면 같은 컵으로 앞의 과정을 반복한다. 이처럼 일주일 넘게 한다. 최소 5회, 뚝심이 있는 만큼 준비해서 [실험1]처럼 맛을 본다.

[의견] 여건이 되는 대로 컵의 용도를 세세하게 구분해서 쓰자. 컵도 길들여야 한다. 여의치 않으면 ① 음료를 담기 전에 뜨거운 물을 담아두자. ② 희석할 때는 원액을 먼저 넣고 물을 나중에 붓자. ③ 바로 마셔도 혀가 데지 않을 정도로 뜨겁게 마시자. ④ 빨리 마시자. ⑤ 서버 등 음료를 옮기기 이전의 용기를 쓸 수 있으면 조금씩 컵에 나누어 마시자.

2014.9.15. 끝장 커핑

〈클럽아프리카〉의 원두를 〈커피리브레〉의 커핑 볼(200ml)에 12g씩 담아 커핑을 한다. 봉투에 적힌 컵노트를 커닝해서 가장 인상 깊은 향미를 찾는다. '첼바는 복숭아. 하푸사는 꽃향+견과의 달달 고소함. 투쿨라는 과일 모듬 상자. 아다메 피베리는 주스 같은.'

20분이 지났다. 지금 아주 맛있게 우려졌다. 미리 준비한 빈 컵에 각 커피를 살며시 따른다. 지금부터가 진짜다. 드립보다 맛난 커피. 커핑을 탐닉하는 치명적인 이유. 끝장.

+   +   +

커핑에 쓰이는 공인된 비율을 계산하여 원두를 담았지만 12g은 수율이 너무 높게 나온다. 다음부터는 콩을 줄여야겠다. 보다 굵게 갈아보는 게 우선할 일이지만 핸드밀의 분쇄 품질을 고려한 선택이다. 해외 직구한 리도2 그라인더가 수중에 들어오면 시도하기로. 원두를 아낄 수 있어 일석이조인 전자를 두고 분쇄도 설정에 제약이 많은 그라인더로 출구를 더듬을 이유가 없다. 고생길이 훤하다.

그나저나 당장 함께하고 싶은 마음이 하루하루 덩치를 키우니 어찌하면 좋을까? "리도는 잊고 지내다 보면 온다. 깜짝 선물을 받는 기분이다."라고 사람들이 말하던데. 놀래키지 않아도 다름없이 반길 테니 얼른 오라고 조바심이 난다.

2014.9.15. 〈테라로사〉 과테말라 몬테 데 오로

향기로운 에티오피아 커피와 더불어 초콜릿과 따뜻한 분위기로 특징지어진 과테말라 커피도 나는 손꼽게 좋아한다. 두 나라를 묶은 상품이 있기에 결제 버튼을 눌렀다. 추석 기념 특가라서 뒤도 돌아보지 않고 질렀다.

핸드드립을 했다. 컵노트는 착하디착한 과테말라 녀석이 참 까탈스럽다. 에센스 추출은 구수함이 유일한 장점이고 수율을 높이면 복잡함을 넘어 번잡스러운 맛이 된다. 아리차는 편하다. 붉은색 여린 꽃이 연상되는 향기를 뿜낸다. 추출 시간을 적절히 끌면 초콜릿의 달달함도 보여준다. 말 잘 듣는 꼬마 숙녀가 아리차라면 과테말라는 말썽꾸러기다.

+   +   +

커핑에서의 과테말라는 건조하고 뻑뻑한 이미지였다. 이를 기억해 내고 과감히 시도하였다.

[수온 88도, 3분 정도 추출, 평소보다 진한 농도로 시음]

이전의 커피들보다 높은 점수를 줄 만하다. 맛이 안정적이고 편안해졌다. 짙어진 풍미가 좋다. 다만 아직도 군더더기가 많다고 느껴진다. 수온을 더 낮추거나 추출 시간을 더 짧게 하거나 등등으로 실험을 해야 하지만 원두가 바닥났는걸. 높은 수온, 짧은 시간 추출이라는 〈테라로사〉의 드립 스타일을 감안하면 분쇄도도 조정해 보아야 할 텐데. 아직 자체 커트라인에는 미치지 못하는 품질이니 도전을 그만둘 수 없다. 다음을 기약한다. 이놈, 길들여

주리라.

〈테라로사〉의 드립법을 흉내 내지 않고도 썩 나은 커피를 내린 경험이 매우 소중하다. 나는 아직 정체되고 싶지 않다. 각자가 처한 환경은 다양하다. 다른 길로 가지만 같은 곳을 향한다.

2014.9.16. 약속

쉬이 만족하지 않고 단점을 극복하고자 노력하는 건 나의 장점. 생각만 많고 행동으로 옮기지 않는 건 부끄러운 약점.

지금 쓰고 있는 이 글을 복사해서 페이스북에 붙여넣기를 해야지. 젖 먹던 힘까지 끌어모아 '게시' 버튼을 누르겠다. 그다음 곧장 하려고 했던 일 중 하나를 실행할 테다.

(약속 지켰습니다!)

2014.9.29. 자화상

지난날을 곰곰이 생각해 보니 문득 서른을 갓 넘은 나이가 적지 않게 느껴진다. 이생에서의 시간이 얼마나 허용될지 모르지만 적어도 절반을 향하고 있다는 사실은 틀림이 없다.

어느 때인가는 시간을 부질없이 흘렸다. 어느 때인가는 어른스러워지는 데에 썼고, 어느 때인가는 싹트기 전의 씨앗이 물을 머금듯 꿈을 품었다.

삶의 흔적은 밟아 온 대로 남아 있었다. 의미 있는 시간들은 바빴던 것과의 상관관계가 보이지 않았다. 의미 없는 시간들도 바쁨과 엮이지 않았다.

돌발 상황인데, 모처에서 만났던 모 스님이 보고 싶다. 참 알뜰히 수행하시는 그 스님 생각에 불쑥 눈물이 난다. 가치관을 공유할 수 있는 사람이 있다는 건 출가자가 아니더라도 꽤나 든든한 일일 테다. 모 스님은 움직이기 시작한 분이고 나란 사람은 여전히 준비만 하고 있다. 나보다 실천력이 강했던 모습을 흠모한다. 실천력이란 곧 발심이겠지.

자기 자신이 피난처며 의지처다. 법이 피난처며 의지처다. 피난처며 의지처인 나 그리고 법. 언제부터인가 이 둘을 잊고 지냈다. 내가 어디로 흘러가고 있는지 모르겠다.

아니, 하루에도 틈틈이 피난처로 가 나를 보호하였고 의지처에 기대어 용기를 키웠는데.

그러거나 여전히 나는 맴돌고 있다.

2014.10.22. 미운 정

사랑한 만큼 미워지고 미워한 만큼 사랑하게 된다. 좋아한 만큼 싫어지고 싫어한 만큼 좋아하게 된다. 헤어지지 않고 시간이 흐르면 저렇게 반대로 된다. 헤어지지 않는다면.

사랑하다 미워지면 헤어지고, 미워서 다시는 보려 않고. 좋아하다 싫어지면 멀리하고, 싫어서 가까이하려 않고. 새로움을 찾아 나서며 과거는 과거로 끝 맺힌다.

그때에 담담하지 못했음은 나의 문제였다.
미워졌고 싫어졌던 네가 그립다.

2014.10.25. 〈마리스텔라〉 코스타리카 게이샤

1팝 후반~휴지기 초반에 배출한 듯 색이 밝다. 주름도 고르게 펴졌다. 칼리타 KH-3 핸드밀, 늘 쓰던 분쇄도였지만 여느 콩보다 입자가 굵게 나왔다. 뜸물에 가루가 얼마 부풀지 않았기에 물을 조금씩 조심조심 부으며 드립했다. 커피가 방울져서 또록또록 떨어졌다. 60ml쯤을 뽑아 약 180ml가 되게 희석했다.

땅콩사탕 느낌의 단맛. 물컹하기도 몽글하기도 한 바디감. 바디감에 기생하며 혀를 찌르는 불쾌한 산미. 톤이 전반적으로 묵직하고 어두워 케냐같으면서도 에티오피아의 산뜻함을 지니고 있다. 잘 된 추출은 분명 아니다.

문득 떠올랐다. 대학 시절 청도 운문사 근처로 엠티를 갔던 여름, 그 밤은 유성우가 떨어진다고 했다. 친구들과 라면 상자를 펴고 누워 우주 쇼를 기다렸다. 누구든 먼저 본 별똥별을 가리키며 환호했다. "저기!" "어디?" "저기!" "와~"

소원은 진작에 다 빌었고, 별똥별이 익숙해졌다. 뜨뜻한 바람 선선한 바람에 화답하며 우리는 우리의 이야기로 반짝였다.

+   +   +

커피의 바디감과 맛의 분위기가 시골과 여름밤이다. 단조롭고 날 선 산미는 유성우. 상상처럼 다채롭지가 않은 우주 쇼에 실망감이 들었다. 하지만 기분이 가라앉기 전에 우리는 엠티 본연의 목적을 올려다보며 팔을 바꾸어 베었다. 마찬가지이다. 이 커피, 게이샤라는 이름값에 부족함을 느끼다가 음료로서는 매력적인 한잔이라고 의미를 바꾸어 마신다.

+   +   +

꽤나 오랜만이다. 어느 때, 어느 기분에 함께하면 좋겠다는 생각이 든 커피는 많았어도 이렇게 추억이나 동적인 이미지가 떠오르는 경우가 말이다. 수준 떨어지는 드립에서 이러니 더 신기하다.

언제부터인가 그랬다. 컵노트가 반듯하게 표현되는 원두를 찾고 맛을 또렷하게 인지하고자 하였다. 지나치게 이성적으로 커피에 접근했던 나를 돌아보게 된다.

+   +   +

분쇄도를 세 칸 가늘게 조정하였다. 비로소 스페셜티 커피다운 커피를 만나게 되었다. 복합적인 산미가 주인공으로 등장하였고 땅콩사탕인 듯 땅콩 캐러멜인 듯 달달한 조연이 빼어났다. 미끈 물컹했던 바디감은 폭신한 것이 마치 도톰한 가죽같이 표현되었다. 그래도 나는 앞의 커피가 좋았다.

2014.10.25. 라라리라

그래, 내가 그랬더라.
아니, 내가 그렇더라.
이제사 보니.

내 탓이더라.

그렇더라.

《2014.10.26.》

좋긴
한데
\ ^^ /
나는
내가

!!!

이렇게나

감정적인

사람이라는 걸

오늘에서야!

알았다!

!

!

!

!

!!

!

!

<u>2014.11.11. 럭씨. 쌤.</u>

쉽게 생각한 것도 어렵게 생각한 것도 아니었다. 그저 내 마음대
로 해석했던 것이었다.
+

삼킬 듯이 내달리는 골이 깊은 파도
방파제 앞에서 물거품 되어

태양보다 눈이 부신 지식과 자신감
실천력 앞에선 깜깜히 튀어

어? 응.
의미 없는 포효는 그만두자

<u>2014.11.15. 재에서 도전</u>

 바뀌고 싶어 바꾸려 한다 말했고 말처럼 바뀌었다 돌아온 일상
인데 조금도 낯설어지지 않은 나를 발견하였다. 힘에 부쳐 떨어진
시선을 들지 못하고 속절없이 침묵을 잇다 좌절감이 아닌 도전
의식으로 땅을 짚었다. 일상은 그리 쉽게 바꿀 수 있는 게 아니다.
역시 그렇다. 그러나 좋다.

 '변화를 갈망하는 힘으로 잠재의식에 구멍을 뚫었다. 말의 씨
  앗을 미지의 세계로 흩뿌렸다. 가식이건 흉내건 다르게 살기

를 감행하는 동안에 뿌리가 자라며 가능함을 찾아 불가능을
더듬었다.'

자리 잡을 수 없는 곳 하나를 지웠다. 일단 숨을 고르고. 가자,
다시.

2014.11.15. 자존심

개인사에 있어서 백 년 후는 누구도 기약 못 한다. 오십 년은 한
번 꿈이나 꾸어볼까 하고, 일 년은 의욕이 생기고, 내일은 물어 뭘
하나 싶다. 아침에 눈을 뜰 거라고 뼛속까지 찬 확신으로 밤에 잠
을 청한다. 다른 건 몰라도 생사에 한해서는 자신만만함이 다 착
각이다. 목숨을 누가 보전해 줄까?

과거가 어떻든 그려놓은 미래로 가는 모습으로 현재를 살아야
한다. 실현성이 높은 미래를 그리는 것이 선결되어야 함은 물론이
다. 만약 원치 않게 미래와 단절된 현재를 산다면 어떠한 이유도
모두 핑계이다. 핑계라서 핑계가 아니다. 이유는 맞는데 핑계이
다. 핑계가 아니라면 미래에 불평이 없어야 한다. 미래를 잘못 그
렸거나 현재의 자신 또는 상황을 잘못 파악해서이다. 남 탓도 환
경 탓도 하지 않아야 한다.

과거는 덮을 수는 있어도 숨을 수는 없다. 그러한 과거가 현재
실시간으로 만들어지고 있다. 현재를 거치지 않는 미래는 없다.
그러므로 미래보다 시시한 현재란 없다.

현재가 가지는 가치를 책정하기가 얼마나 어렵겠는가? 무조건 최고가를 불러야 할 것이다. 그러나 현실은 실시간으로 가격이 오르내리는 게 이 세상에는 없는 시세 그래프를 그린다. 현실을 감안해야겠지만 혹시라도 등락에 정신이 팔려 내재된 가치를 망각했다가는 공든 탑이 무너질 것이다. 삶이 무너질 것이다.

2014.11.16. 넘었다

후기를 보면 아주 늦어도 두 달이면 그라인더를 수령했단다. 그래서 두 달이 되는 즈음에는 설레임 속에서 일과를 보냈다. 일주일도 더 지나가 버렸을 때 리도가 놓일 자리에 쌓아간 실망감이 무너져 널브러졌다. 이 모습이 얼마나 보기 싫었는지 종무소로 들어오는 택배만 보면 가서 수취인을 확인해야 했던 안달증까지 싹 쓸어 담아 내다버렸다. 값을 치른 지 거의 석 달이 지났다. 배달 사고가 걱정되었다. 트래킹 번호를 제공하지 않는 업체의 정책을 알고 주문했으니 하소연을 하늘에 뿌렸다.

"오시었다, 오시었어. 리도님이 오시었어!"

인고한 기록을 경신했다는 자랑 버무린 개봉기를 올리고 싶은 마음을 참고 지름신 강령 1조, '1초라도 빨리 쓰는 게 합리적인 소비다.'를 받들기로 했다.
+++ 조절링을 두르며 16칸으로 분쇄도 눈금이 있다. 이는 임의의 표시일 뿐 단계 없이 조절하는 형태(stepless)라서 굵기를 원하는 대로 바꿀 수 있다. 몸통이 굵어서 손 작은 사람은 불편하겠다

는 것까지 모두 인터넷의 정보 그대로이다. 꽉 조인 후 6칸째 정도에서 콩이 갈려지기 시작한다. 1과 1/2(=16+8) 칸의 굵기는 [수온 88도 이하, 긴 시간 추출]에 적당하겠다. 높은 수온에 쓸 분쇄도는 차차 찾기로 한다. 조절링을 두 바퀴 풀면 프렌치프레스에나 적절할까, 나는 거의 쓸 일이 없겠다. 여기에서 4칸을 더 가면 조절링이 빠진다. 다른 하이엔드 핸드밀보다 돌리는 힘이 더 든다지만 내게는 근력 운동 부가 기능에 지나지 않는다.

+ 청소를 겸한 분쇄도 확인 작업을 마쳤다. 진한 커피를 만들고자 에어로프레스를 꺼냈다. 15칸이 되게 조절링을 조였다. 커피가 만족스럽다. 리도2가 만족스럽다.

  홀쭉해졌던 통장은 (거대한 요요현상 없어ㅜ.ㅜ) 다시 살이 붙어서 생각에 없고, 무게 중심이 높아서 전용 스탠드를 쓰지 않으면 자칫 넘어지기 쉽단 점 하나만 빼면 리도2의 모든 게 만족스럽다.

+   +   +

  칼리타 KH-3 핸드밀로 간 가루로 괜찮은 커피를 마시려면 에센스 추출이 좋았다. 리도2로 바꿔서 저 때처럼 드립을 하면 과소 추출이 되었다. 분쇄 품질의 차이를 보정하기 위해 추출 시간을 늘렸다. 맛이 대번에 알 만큼 편안하고 깔끔해졌다.

+

  두 그라인더의 성능이 이렇게나 다르다. 뜸물을 부을 때부터 드립을 마칠 때까지 물과 가루가 반응하는 모습이 다르다. 물론 그전에 가루 상태에서도 다름이 확연하지만 역시 맛을 봐야지 정리가 되고 마침표도 찍힌다. 그라인더를 바꾸면 핸드드립도 변해야 한다. 나의 경우 경계해야 할 점이 과다 추출에서 과소 추출로 바

꿰었다.

+   +   +

며칠 동안 그라인더를 비교해 보았다. 가격 차이가 꽤 되니 호불호는 제쳐두고, 리도를 쓰면 다양한 방법으로 커피를 추출해 볼 수 있다는 점이 가장 좋았다. 분쇄 전후로 burr 주변을 붓으로 털어야 하는 귀찮음이 있지만 괜찮다. 오직 하나, 무게 중심이 걸린다. 분쇄할 때에 손잡이가 원활히 돌아가게끔 하는 필수적인 설계라고 믿고 귀를 닫으련다.

2014.11.30. 남의 일이 아니다

요즈음 세상을 바라보는 시각에 '복진타락'이 자주 대입되는데 문득 내가 내 복을 감당하지 못했던 과거들이 떠올랐다. 복을 재생산해야 했는데 소비해 버리고 말았다.

이대로라면 복진타락...ㄴ
의 일이 ㄱ

ㄴ

2014.12.3. 가치관

그래요. 저는 나약한 사람이에요. 몰랐던 거죠. 오늘이 참 다행스러워요. 가시밭길 너머에 편안한 쉼터가 있다 해도 그대에게 함께 가자 말하지 않겠습니다. 쉼터... 실제로는 본 적 없는, 한낱 환상에 지나지 않음을 알겠습니다.

눈앞에 없다고 우리가 함께가 아닌 건 아니었어요. 저녁이면 하루의 이야기를 나눌 여유가 있었습니다. 그러니 그대는 그대의 길을, 저는 저의 길을 가며 지내도 됐어요. 저의 부족함을 채우기 위해 항시 그대를 옆에 두려 했었네요. 너무나도 어리석었습니다. 진정 몰랐습니다. 그대를 사랑한다면 그만큼 열심히 혼자 달려야 했어요.

불확실한 미래이니 조심성 있게 접근하는 게 당연합니다. 만약 앞날이 어그러진다면 저를 믿은 죄밖에 없는 그대에게 미안하다는 말 이외에 제가 책임지려야 무엇으로 책임지겠습니까? 그대에게는 그대만의 몫이 남겨질 텐데 본의 아니게 강요를 했어요. 저의 불찰입니다.

아직 우리가 닿을 거리에 있어 얼마나 감사한지 몰라요.

각자는 각자의 길을 가되 곁에 있어요. 서로 다른 곳을 보고 있어도 상관없습니다. 이렇게 저렇게 나아가다가 누구든 제대로 된 길을 찾으면 그때 방향을 같이 하면 되겠습니다.

208

그래요. 전에도 이렇게 억지를 부렸겠지요.

이제야 저의 부족한 점을 알겠습니다. 각자의 길이 있음을 인정합니다. 어둠이 걷히고 있어요. 오늘부터는 고개 돌리지 않겠습니다.

여기가 시작점입니다. 이대로일지 마주 볼지 등질지. 고독을 받아들입니다.

2015.4.30. 자랑스러운 평정심이긔

'더도 말고 덜도 말고 심지어는 어렵지도 않은 일로 골라서 제발 하나라도 실천하자고 하잖아. 이 정도도 못 해? 왜 자꾸 딴 짓만 하며 시간을 허비하냔 말이야? 마음에서 백날 임금 노릇 해봐야 뭐 해? 꿀밤 맞고 눈뜨면 쓰레기 인생인걸.'

혹독한 평가에도 동요하지 않는 이 쓸데없는 평정심을 어찌해야.

2015.5.18. 감당할 수 있겠나?

1.
공부공부공부.
행복도 교육받는 아이들.
비교비교비교.

이리저리 둘러보며 자아를 비난시켜.
아이들의 눈코이비 사라져 간다.

1-1.
너와 나는 이런 게 다르지?
어른들은 왜 틀린 걸로 보는지. 억지로 끼워 맞춰 무얼 하려는지.
"저희의 미래를 걱정하는 거 알아요 감사합니다 그래서 부탁해요
현재도 살펴주세요 우리의 미래를 위해서요 문제없잖아요?"

2.
생산적인 성품이 있는 이에겐 자유가, 오욕락에 끌려가는 이에게
는 강제가 필요하다. 한 사람에게서 두 가지 모습이 다 관찰되기
에 섣불리 손쓰면 안 된다. 감각적 쾌락에 이끌려 시간을 허비하
다가 어느 인연에 잠재해 있던 에너지가 깨어나서 폭발적으로 꿈
을 좇게 될지 누가 알겠는가? 경험과 허비는 불가분이다. 범죄가
아닌 이상 판단을 유보하자. 바루는 정도면 충분하다. 뜯어고치려
고 하지 말자.

3.
내게는 30%의 자유와 70%의 강제가 있으면 좋겠다는 생각이 든
다. 나를 감독할 누군가가 없으니, 출가자의 숙명으로, 자유만을
떠안는다. 영화 '쇼생크 탈출'의 내용(감옥에서 출소한 후 자유를
감당치 못해 자살을 한단다. 말로만 들어서 정확하지는 않다.)이
공감된다. 자유는 꽤나 고통스러운 행복이다. 나는 행복하다.

2015.6.21. 등잔 밑에 미치다

작년 이맘때였나? 〈커피카운티〉를 발굴하고 느꼈던 기쁨은 이루 말할 수 없는 갓!이었다. 재현성까지도 상당한 드립 실력에 작은 골목을 지키는 장인의 집이라 부르겠다. 근처에 일이 있어 갔다. 몇 달 만이었다. 스님들은 각자의 음료를, 나는 그립던 초코라떼를 찾았다.

드립하여 연하게 희석한 아리차를 사람 수대로 에스프레소 잔에 나누어 서비스로 주셨다. 내가 내린 가장 좋은 커피에 90점을 매기고, 내 돈 낸 원두로 내가 내려 차마 못 버려 먹는 걸 60점으로 하고, 사서 먹겠다 싶은 맛에 80점을 준다면 서비스 커피는 100점이었다.

'강렬한 베리 향과 선명한 산미. 안개처럼 휩싸는 달달한 초콜릿. 워터리의 결점은 분명 아닌, 슬쩍슬쩍 비치는 물맛에서 여백의 미를 느낀다. 향과 맛과 밸런스가 완벽하다.'

〈커피카운티〉에서 시다모와 코케와 오늘의 아리차까지 세 잔의 100점을 맛보았다. 비교되는 내 커피에 자극받아 원두를 샀다. 아리차 200g, 케냐 100g이었다. 케냐는 강배전인데 괜찮겠냐고 직원분이 물으셨다. 그러했다. 강배전은 고객의 취향이 아님을 기억하여 확인해 주는 배려심! 중배전 케냐로 바꾸었다. 작은 카페지만 원두를 다양하게 볶아 두기에 입맛대로 고르면 되었다.

다른 데서 싱글 에스프레소를 마셨는데 글로만 보았지 처음이었다는 둥 맛있었다는 둥 주절주절했더니 여기 카페 메뉴에는 없는 싱글 에스프레소를 내 경험과 비슷한 맛으로 만들어주셨고, 맛 없는 내 커피에 칼리타 핸드밀 탓을 했더니 장식장에 놓인 장난감 같은 핸드밀로 커피를 내려 신세 처량한 핸드밀을 성공적으로 변호하셨고, 지극히 주관적인 평가도 귀담아 들어주셨고, 여쭙는 대로 조언을 해주셨던 사장님은 계시지 않았다. 그러나 직원분이 내린 오늘의 커피도 그에 못지않았다. 두 분 모두 커피와 사람을 편안하게 즐기는 듯했다.

+   +   +

 일요일 밤을 이만 놓고 내일을 준비하자. 나도 누군가에게 힘이 되도록 자기 계발에 매진해야겠다.

 2015.7.18. 〈RBH 커피〉 케냐 250g

 추출이 쉽지 않았다. 세 번의 시도까지는 맛이 눈에 띄게 개선되었지만 이후로는 그게 그거고 맘에 안 들고 그랬다. 아쉬운 대로 먹기는 했지만 종이 필터의 결점이 계속 신경 쓰였다. 어떻게 해야 고칠 수 있을지 몰랐다.

+   +   +

 스트레스와 뒤엉켜 낮잠을 자다 귀차니즘을 밀치고 일어나 마지막 30g을 드립한다. 오늘도 역시 필터 맛이 날 것이다. 물 주입 시 드리퍼 상단 테두리로 가루와 동떨어진 희멀건 물이 보이면 100% 필터 결점이 서버에 담겼는데 1회차 추출을 진행 중인 지금이 그렇다. 포트의 물보다 먼저 끓기 시작한 해결책에 대한 염원은 지금도 헛심으로 가열되고 있다. 눈앞에 빤히 문제 상황을 보면서도 어찌하지 못하고 있다. OFF 버튼이 없어 마음이 까맣게 타들어 간다.

순간 정리된 무언가가 뇌리에 스쳤다. 직감을 따라서 대폭 줄인 물로 2회차 물 주입을 한다. 시간이 가든 말든 말든 가든 나는 몰라~.

결과가 만족스럽다. 필터 결점이 조금 만회되었다. 의미가 있는 맛이다. 성과 있는 노력에 가산점을 듬뿍 붙여 79.9점을 주겠다. 그동안의 잘못은 성급한 마음이 원인이었다. 구체적으로 기록하자.

'앞서 나감, 기다리지 못하고 급조함, 괜찮겠지, 귀찮아, 대충대충 등등의 심리로 단위 시간당 허용량을 초과한 물을 부었다.'

알았으니까 됐다. 원치 않는 상황에 빠졌지만 와중에 쏠쏠한 이익을 얻었다. 알게 모르게 발버둥 친 덕이겠다. 다른 어려움도 전화위복의 기회로 삼으면 좋겠다. 끝날 때까지 끝난 게 아니라더니.

2015.7.29. 드립, 한 걸음 나아가다

필터 결점을 해결하지 못한 드립 커피를 너무나 흔하게 만난다. 나 자신이야 말할 것도 없고 커피를 업으로 하는 카페에 가도 그렇다. 당연히 나보다는 카페가 낫지만 값을 지불할 수준이 아니라서 시름이 깊어진다. 로스팅과 콩 숙성도와 추출의 삼박자가 맞아떨어지는, 잠재력 터진 커피를 바라는 게 아니다. 결점이 최대한 배제된 커피를 원하는데 내 기대치가 높나 보다. 무엇을 결점이라고 하는가 하면 '종이 필터, 과다 추출, 과소 추출, 결점두 등으로부터 비롯되는 문제들'로서 말로는 누구나 끄덕일 요소가 아닌가? 쉽게 공감하면서도 현실에 오면 둔감해지는 것은 왜일까?

1. 종이 필터

결점 중에 이것이 가장 까다롭다. 심하면 종이 냄새가 나고 덜하면 텁텁한 맛이 난다. 칼리타 필터의 경우 황색은 냄새부터 고개를 젓게 되고 흰색은 텁텁한 질감으로도 변신하며 숨바꼭질을 한다. 결점 유무에 대한 판단은 쉬이 해도 원인이 너무나 복잡해 접근이 쉽지 않다. 나도 어찌하지 못하는 걸 남에게 당연한 듯 해결하기를 바라서는 안 된다는 생각이 있어 누구에게도 책임을 묻지 않는다.

바리스타는 많아도 추출을 이해한 실력자가 흔할 리 만무하다. 공급자인 바리스타의 능력이 곧 소비자인 나의 만족도로 이어지기에 매뉴얼을 기대하며 아예 큰 카페를 가거나 아니면 주인이 직접 드립하는 곳을 찾게 된다. 초인적인 서비스 마인드로 무장한 바리스타의 노고와 성과를 무시하는 게 아니다. 그들에 비하면 나는 새 발의 피 수준임을 인정하는데 감히 함부로 말을 할 리 없다.

214

단지 스페셜티 커피를 사랑하는 마음에서 시장 확장을 위한 일종의 사명감으로 글을 남긴다. "부디 너그럽게 봐주세요."

2. 과다 추출

과다 추출은 두 가지 형태로 나타난다. 강배전은 쓴맛으로, 약배전은 신맛으로. 쓴맛이야 오해의 여지가 적겠고, 신맛은 '묵직하다는 특징을 가지면서 덜 익은 참외같이 맹맹하고 뭉툭하다.'라는 의견을 적어둔다.

강릉에서 먹어보고 감동받아 주문한 〈테라로사〉의 약배전이었다. 과다 추출 된 커피를 몰라보고 여러 번 마셨더니 묵직한 신맛이 위장 한쪽에 머무르며 압박감을 만들어 한동안 고생하였다. 내가 만든 결점일 줄 어찌 알았으랴. 콩은 결백했다. 미천한 실력이 문제일 따름이었다.

3. 결점두

"스페셜티라고 명명해서 파는데 그 점수 누가 부여했나요?" 추출 과정이 아니라 재료 자체가 문제다. 원두 봉투를 열었을 때 결점두가 많으면 심리적 타격이 상당하다. '뒤로 가기를 누를걸... 아니면 Alt+F4....' 하며 결제창이 아른거린다.

4. 과소 추출

카페에서는 거의 보이지 않는다. 내가 문제다.

+   +   +

오늘 남기고자 하는 주 내용은 종이 필터이므로 이제부터가 본론이다. 완성된 지식이 아니기에 내용이 난해하며 나중에 견해가 바뀔지도 몰라 쓰기가 주저되지만. 큰 그림은 다음과 같다.

> 가루와 충분하게 반응하지 못한 물이
> 필터를 통과하면서
> 종이를 우려낸다.

※ 122쪽 2.4)의 경우가 드문 줄 알았다. 아니었다. 아주 흔했다. 모르고 있었다.

다시 두 가지 경우의 수가 있다. 물 주입이 빠른 경우(드리퍼를 빠져나오는 커피의 양이 이미 최대가 되었는데 물을 계속 주입하는 경우)와 물 주입이 느린 경우('느리다'보다는 '약하다'가 적당하겠다. 물이 가루 층에 수직으로 내려가지 못하고 수평으로 밀리는 모양새가 날 때)이다.

2015.7.29. 필터 결점이 나타나는 모양 (앞글에 이어서)

달랑 글만 있으면 수많은 오해가 붙으므로 큰 그림을 잊지 않는 게 중요하다.

'반응성이 남아있는 물이 필터 성분을 우려낸다.'

+   +   +

1. 물 주입이 빠른 경우
 1) 가운데에 편중된 드립 : 추출을 마치고 드리퍼 상단을 보면

216

물이 직접 닿은 적 없는 가장자리를 둘러서 도넛마냥 도톰한 띠가 있다. 미세한 입자는 물을 따라 내려가 굵은 입자만 남은 중심부와 대비된다. 굵게 분쇄한 약배전 원두, 볶은 지 며칠 되지 않은 중강배전 원두에서 흔하다.

이렇게 나온 커피는 필터의 결점보다는 편 추출이나 약한 풍미가 더 싫은 경우가 많았기에 원두의 효율이 문제라고 하겠다. 그래도 구렁이 담 넘듯 넘어갈 순 없다. 필터 결점만을 놓고 보면 커피 맛은 도넛의 폭이 넓은 쪽이 좋았다.

2) 가장자리에 편중된 드립 : 자신도 모르는 사이에 많이들 하고 있는 방식이다. 본의 아니게, 정말이지 나도 한동안 여기에 빠져 있었다.

드리퍼의 형태는 보통 아래로 갈수록 좁아지므로 상단 가장자리에 물을 많이 부으면 중심부 깊숙이 자리한 가루에는 물이 적게 가서 추출이 덜 된다. 혹은 물이 필터에 바로 닿거나 먼저 생긴 미분 댐을 무너뜨리기도 한다. 이렇게 되면 커피의 배출 속도가 유난히 빨라지고 텁텁한 맛을 보너스로 받는다.

드리퍼에 담긴 가루의 표면만을 보고서 단위 면적당 같은 양의 물을 붓고 있는가? 그러면 가장자리에 편중된 드립 방법일 확률이 높다. 드리퍼를 입체적인 공간으로 인식하고, 붓는 물을 테트리스 벽돌로 상상하자. 자신의 드립 방법이 공간을 얼마나 잘 메꾸고 있는지를 계산해 보자. 드리퍼의 중심부에는 천천히 촘촘하게 물을 붓고, 밖으로 나갈수록 빠르게 이동하면서 폭도 넓혀가야 괜찮지 않을까?

3) '막' 푸어오버 드립 : 푸어오버로 드립을 한다면 물의 흐름이
   충분히 느려지도록 분쇄도를 가늘게 조정해야 한다. 분쇄도에
   따라서 부어도 되는 물의 양이 정해지므로 물을 많이 붓는 것
   자체는 문제가 아니다. 허용량보다 많이 부으면 텁텁한 맛이
   날 것이다.

   짧은 시간에 가루 전체를 뒤섞을 수 있는 양과 방법으로 물을
부으면 좋다. 실제로 해보면 꽤나 짧은 시간이라 주둥이가 작
은 드립 포트로는 버거울 수 있다. 알라딘 포트보다는 웨이브
포트, 웨이브 포트보다는 다카히로가 나은 것 같다. 교반을 일
으키지 못하는 물줄기는 좋지 않은 맛으로 이어질 확률이 높
다.

2. 물 주입이 약한 경우
 1) 중앙 집중이 되지 못한 경우 : 고노 드리퍼로 점드립을 해보
   았다면 알 것이다. 왜 500원 동전 크기 밖으로는 물을 붓지 말
   라고 하는지를. 서버로 커피가 떨어지기 전에는 드리퍼 가운
   데에 한 점으로 물을 적셔야 한다. 추출이 안 되지 않을까 염려
   하여 물방울 위치를 옆으로 빼면 드리퍼 벽면으로 물길이 생
   긴다. 고노만큼 극단적이지는 않지만 칼리타 드리퍼에 점드립
   을 할 때에도 비슷한 현상이 보인다. 미분이 현저히 적은 그라
   인더를 쓰지 않는 이상 이를 피해갈 수 없다.

   드리퍼의 중심축부터 추출 흐름이 트이도록 물을 주입해야
한다. 드리퍼에 담긴 물이 서버로 빠질 시간을 넉넉히 보장하
는 방법도 유효하다. 필요성을 느껴야 설명이 눈에 들어올 테
다. 많은 말보다 자기 커피의 문제 유무를 어떻게 확인하는지

를 기록하는 게 낫겠다.

추출을 끝내고 가루의 향을 맡아보자. 덩어리를 부수어 속에
서 나는 향도 확인하자. 겉과 속을 비교하자. 커피가 맛있게 내
려졌을 때와 아닌 때를 나누어 향과의 연관성을 찾아보자.

또는 커피에 물을 많이, 아주 넉넉하게 희석해서 질감을 확인
하자. 드립 커피를 아메리카노와 비슷한 농도로 맞춘 후 맛을
보면 보다 잘 드러날 것이다. 질감이 크게 차이 난다면 진한
커피 또한 문제시하기를 권한다.

2) 가루가 떡지는 경우 : 분쇄된 입자가 너무 곱기 때문일 수 있
다. 또는 약배전이든 콩이 오래되었든 하여 부풀어 오를 가스
가 미미한 경우에도 발생한다. 드리퍼에 가루를 담고 수평을
맞춘다고 과도하게 흔들어도 영향받을 수 있다.

근처로는 물을 붓지도 않았는데 드리퍼 상단 가장자리에 깨
끗한 물이 둘러지면 필터 결점이 생기는 모양새라고 봐야 한
다. 드리퍼 내에 가루가 덩어리진 부분은 물이 갈 수 없는 공
간이므로 물을 천천히 붓더라도 천천히 부은 게 아닌 경우가
된다. 물 주입이 빠른 것과 물줄기가 약한 것이 복합적으로 작
용한다고 하겠다. 어쨌든, 덩어리를 풀지 못하는 약한 물줄기
인데 달팽이 길이 끝나지 않았다고 계속 물을 채우면 그만큼
결점도 심해진다.

드립을 할 때에 요령껏 대처를 해야겠다. 두 가지 길 중에 첫
째다. 수압이 높은 물줄기를 쓰는 등 갖가지 방법을 동원하여

덩어리를 풀어야 한다. 둘째다. 뇌피셜에 따르면 덩어리진 부분과 풀어진 부분의 커피 성분 추출 속도의 격차를 좁힐 수 있는 유일한 방법은 추출 시간을 최대한 길게 끄는 것이라고 한다. 6분이 넘게 드립한 적이 있었다. 드립 포트의 수온이 자연스레 낮아지기에 과다 추출을 걱정할 필요는 없어 보였다. 점점이 떨어지는 물방울이 드리퍼에서 서버로 곧장 빠지는 모양새가 나오면 추출을 그만두었다. 수온 90도 아래에서 드립을 시작했었다.

2015.7.29. 필터 결점 해결하기

++   ++   ++

물론 제게는 실전이지만요, 어디까지나 이론적인 이야기입니다. 말솜씨가 없는 관계로 결론을 먼저 말씀드립니다.

　"뜸들이기를 잘해야 합니다. 뜸들이기 단계에서 물과 가루가
　반응하는 모양을 세세히 살핍시다."

개인적인 기록이지만 타인도 본다는 것을 알기에 존댓말을, 아래부터는 평소 어투로 씁니다. 양해를 부탁드립니다.

++   ++   ++

1. 물 주입이 빠른 경우.
　1) 요점 : 드리퍼를 빠져나오는 커피의 양이 이미 최대가 되었는
　　데 물을 계속 더하는 형태다.

2) 실제 : 추출 후 드리퍼에 남은 가루가 접시를 놓은 듯 완만하게 파인 모양이면 커피 맛의 만족도가 높았다. 가루의 모양은 마지막으로 붓는 물에 따라 대폭 달라짐을 유의하며 상관성을 확인해 보자.

칼리타 드리퍼의 경우 구멍 세 개에서 주르륵 커피가 나오는데도 계속 물을 부으면 문제가 있다. 많은 물을 쓰는 게 자신의 드립 방법이라고 한다면 짧은 시간에 다 붓고 기다림을 길게 해야 한다.

2. 물 주입이 느린 경우.

 1) 요점 : 물이 가루로 퍼지는 속도가 느리다. 수압이 약하다는 표현을 곁들이면 의미가 풍성해지겠다. 드리퍼에서 물이 수직으로 내려가지 못하고 측면으로 밀리는 모양새가 나는 경우도 있다.

 2) 실제 : 칼리타 드리퍼의 추출구 세 개 중 가운데에서도 커피가 나와야 무난하다. 추출이 진행되는 동안에 양 끝에서만 커피가 나온다면 가루에 떡짐이 생겼거나 뜸물이 부족한 경우이다. 가운데가 추출이 되도록 조금씩 더 기다려 가면서 물을 붓거나 아예 확 부어버려야 한다.

떡진 경우가 참 난감하다. 말처럼 대응했더라도 꺼림칙한 커피가 나오는 경우가 많았기 때문이다. 물 주입이 빨라서인지 느려서인지 알쏭달쏭하다. '아직 모르는 사실이 너무나 많다.'라고 반박 불가한 결론을 내렸다.

그나마 추천하는 방법이 하나 있다. 뭉쳐진 부분은 사용하지 않겠다고 생각하면서 드립하는 것이다. 20g을 담았다면 15g만 쓴다는 생각으로 드립을 한다. 다음 말이 이해하는 데 도움이 되려나 모르겠다.

'중심부부터 추출되도록 노력은 하겠지만 안 되면 안 되는 대로 드립을 한다. 한 박자씩 더 기다려가며 물을 붓는다. 담은 원두의 70~90%로 추출량을 계산하되 추출 시간을 늘린다.'

＋   ＋   ＋

필터의 결점이든 다른 결점이든, 아무튼 결점은 다 제어해야 한다는 원론적인 입장을 생각해 본다. 지금은 비록 필터 문제에 초점을 맞추고 있지만 추출 전반에 대한 고민을 함께한다.

'뜸물을 부었을 때 커피빵이 가운데보다 가장자리가 더 빵빵하게 부푼다면 가운데가 물이 부족하다. 1회차 물을 붓기 전에 방편으로 가운데에다 소량의 물을 부어 부족한 뜸물을 채우도록 한다.'

'수온은 별 상관없이 커피빵이 천천히 생긴다면 콩이 밀도가 높거나 너무 굵게 분쇄된 경우이다. 더 가늘게 갈거나 수온을 낮추고 추출 시간을 늘려준다.'

'커피빵이 생기지 않으면 뜸 들일 것도 없으니 30초를 기다리지 않아도 된다. 그래도 추출 시간과 추출량은 평소처럼 맞출 것을 권장한다. 평소에 뜸 30초를 포함하여 3분 동안 200ml를 추출하였다면 10초간 뜸들이기를 하는 이번에도 3분을 끌며

같은 양을 뽑는 식이다. 이를 위해서 물줄기를 약간 가늘게 하는 등으로 변화를 주어야겠다.'

'드리퍼 내에 댐을 잘 만들어야 한다. 푸어오버의 경우 1회차 추출에서는 서버로 나오는 커피의 양을 덜 신경 써도 되었고, 2회차부터는 추출량이 앞 차수보다 점차 줄어들어야 커피 맛이 나았다. 단순히 물을 적게 부어서 추출량이 줄어드는 게 아니다. 물 빠짐이 점차 느려진다는 느낌이 들어야 한다.'

사진도 없이 말로만 설명하려니 어렵다. '뜸들이기를 촉촉하게 하자. 드립하는 동안 가루의 상태를 유심히 살피자. 눈에 보이지 않는 내부를 추측하자. 상당히 유용하다.' 정도로 마친다.

커피에 결점이 있으면 해결해야 하지 않겠는가? 재료가 문제라면 재료를 바꾸고 방법이 문제라면 방법을 수정하면 된다. 간단하게 끝.

+   +   +

필터의 결점은 하나가 아니다. 나는 이랬다.

처음에는 황색 필터를 접했고 냄새가 싫었다. 강배전 원두를 진하게 추출하는 경우에 한해 선방했었고 좋아하는 약배전에서는 대부분 문제가 되었다. 온갖 기술적인 방법을 궁구했지만 극복하지 못했다. 하여 흰색 필터로 바꾸었다. 산소 표백이라 화학 물질의 문제가 없다고 했다.

한동안 잘 쓰다가 흰색 필터도 결점이 나타났다. 종이가 우려진 듯한 텁텁한 맛 자체가 싫기도 했고, 커피의 좋은 향미가 약해지거나, 개성이 보인다고 해도 호감도가 현저히 떨어졌다. 필터는 그대로 쓰고 커피를 소량 추출 후 희석하기로 방향을 잡았다. 수온 92도 전후의 고온 추출을 즐기다가 88도 정도로 낮추었다. 어쩔 수 없는 타협이었다.

그렇게 얼마간 무난히 지냈지만 세 번째 문제가 생길 줄이야. 추출을 끝낸 가루에 좋은 향기가 너무 많이 남아 있었다. 진한 커피를 연하게 희석하면 매끄럽지 않은 질감이 드러났고 향도 불편했다. 연해야만 알지 그전에는 작정하고 찾아도 잘 찾아지지 않았다.

처음부터 되짚어 보면, 답답한 말일지 모르나, 추출을 잘못했다는 문제가 처음부터 끝까지 말썽이었다. 다만 첫 번째로 마주한 문제를 개선한 뒤에는 황색 필터의 냄새 결점이 없어졌고, 두 번째부터는 필터의 텁텁함이 현저히 줄었다. 아직 세 번째 문제를 말끔히 해결한 것은 아니지만 거친 질감에 도전하면서 내가 내리고도 먹기 싫은 커피가 꽤나 줄었다.

그래도 열 번에 한두 번은 단호하게 버려야 하므로 해야 할 실험이 남아있음이 분명하다. 추출 현장에서 생생하게 벌어지고 있는 일에 모르는 게 있으니까 문제가 생기고 해결할 수도 없는 것이다. 탐구하자.

+   +   +

스페셜티 커피는 비싸다. 인스턴트 커피보다 월등히 비싸다. 그러나 가성비의 옷으로 갈아입혀 놓고 보면 압도적으로 매력 있고 건강하다고 생각한다. 소비자의 요구를 반영하면서 맵시를 내야해 코디하기가 까다롭다는 점을 극복한다면 말이다.

원두는 멀쩡한데 추출에 아쉬움이 있어 핸드드립 커피의 만족도가 떨어진다면? 향미는 어디 가고 냄새가 담겼다면? 커피잔을 들고 컵노트를 찾으려 할 때가 마치 식당에서 메뉴판의 사진을 가리켜 주문하고 받은 음식인데 이게 내 것이 맞는 건가 하는 상황과 같다면? 지인에게 커피를 추천하는 자리였는데 '꽝'이 걸렸다면? 돈을 내가 냈다면? 분명 이상한데 의견을 말하기가 그렇다면? 그 카페는 안 간다. 다른 카페를 찾아가서도 같은 경험이 반복되면 카페 자체를 안 간다.

커피 추출이 어렵다는 것에 동의한다. 카페에 갔다가 말없이 생수만 먹고 나온 경우가 여러 번이지만 아무 불만이 없다. 레몬이 담긴 물이 셀프로 마련되어 있었고 모두 맑고 향긋했다. 이 즐거운 경험으로 시간을 보내고 고스란히 남기는 커피는 공간 이용료라고 생각했다.

맛이 덜 나기만 하는 것과 결점이 두드러져 좋은 맛이 가려지는 것은 엄연히 다른 문제이다. 전자라면 완전체를 상상하며 마시거나 다른 커피를 기약하겠지만 후자는 거리를 두고 볼 일이다.

스페셜티 커피를 취급하면서 별다방, 천사다방 같은 편의를 경쟁력으로 삼기는 어렵다. 품질로 시장을 확보해야 한다. 고객을 꾸준히 오게끔 할 수 있는 수단은 무엇이 있을까? 우선 맛이 좋아야 하겠다. 나는 스페셜티 커피가 널리 보급되도록, 많은 사람들이 카페를 찾도록 하기 위해 노력할 것이다.

2015.8.2. 애늙은이

해 뜰 녘.
밝음의 가치가 극대화되는 시간이다. 이윽고 의미가 퇴색되어 간다.

사라지는 것은 존재 자체가 아니라 존재감일 뿐.
인식의 변화와 존재의 변화를 구분하지 못하기에 새로운 가치를 찾아 헤매며 산다.

아마 많은 사람들이 '공기처럼 흔한 것의 가치'도 인정할 것이다. 나는 더 나이 먹기 전에 인정하는 바를 인식하였으면 한다.

2015.8.16. 종연

남은 25g을 떨이하는 커피. 〈레드 루스터 로스터스〉의 '더 댄서'이다. 오늘은 어떤 몸짓을 보여줄까 기대를 하며 뜸들이기를 했다.

별로 부풀지 않았다. 해외공연도 막이 오른 지 어느새 보름도 더 지났으니 들뜸이 가라앉을 때도 되었다.

'절대, 절대, 절대로 급하지 않게, 천천히 드립해야지! 좋은 추억으로 남으려면 엔딩에 실수가 없어야 한다.'

단디 먹은 마음을 되뇌며 1회차 물 붓기를 시작했다. 드리퍼의 가운데로 점점이 물방울을 떨어뜨렸다. 추출을 위한 물길을 확보한 다음 밖으로 나선을 폈다. 물방울을 끊지 않고 한 번에 추출하였다. 대략 150ml가 나왔다. (1-2인용 서버를 깨먹어 3-4인용을 쓰고 있다. 눈대중 측량이 더 어려워졌다.)

+

약간의 과소 추출과 더 약간의 필터 결점이 있다. 추출하는 중간에 마음이 급해졌을 때 물방울도 촘촘해졌었다. 늦지 않게 다잡았어도 그 잠깐이 그대로 결점이 되었다. 과소 추출은 괜찮은 범위 안에 들어왔으니 -5점이면 충분하겠다. 필터 결점은 물로 희석해도 질감이 크게 거칠어지지 않는, 민감하지 않으면 모를 정도니까 -10점을 주겠다. 이 커피는 100-5-10=85점이다. 뭔가 높다....

한편으로 이건 굉장히 성공적인 한잔이다. 가스가 다 빠진 콩을 드립한 것 중 최고다. 요즘은 핸드드립이 어렵게 느껴져서 에어로프레스를 주로 썼는데 역시 좀 떨어져 있어야 했는가? 돌아갈 때가 되었다.

약하긴 해도 메가톤 바 아이스크림이 떠오르는 애프터가 좋다. 이 달달한 향에 잡다한 평가가 녹는다. 안도감일까? 조명이 어두워지면서 숨을 고르던 댄서의 얼굴에 미소가 새어 나온다.

+

추출 시간이 가장 긴 콜드 브루 커피와 가장 빠른 에스프레소. 둘의 사이 어디쯤을 핸드드립이 담당하고 있을 테다. 인간이 개입할 여지가 많다는 건 양날의 검이다. 알면 수많은 변수를 활용할 수 있는 반면 모르면 통제 불가가 된다. 좋은 재료를 다루면서 그에 걸맞은 가공 실력이 있으면 금상첨화겠다.

2015.8.19. 정체

필터 결점을 70% 정도는 해결한 것 같다. 추출한 커피를 희석하더라도 그럭저럭 매끈한 질감이 살아있다. 그런데 이제부터가 아주 어렵다. 아직 남은 30%가량의 거칠고 텁텁한 질감을 어찌하면 좋을지 모르겠다. 그래도 이게 어디냐고 무시하고 먹었더니 오른쪽 아랫입술이 따갑다. 일취월장한 커피라고 몇 번 더 우쭈쭈 했다간 갈라질 것 같다. 피를 보겠다.

생각해 보면 경계하는 게 당연하다. 원두 우린 물 70%와 필터 우린 물 30%를 일부러 섞어 마실 사람은 없지 않은가? 두말하면 잔소리다.

+   +   +

보통의 사람들이 마찬가지로 머물러버릴 것이다. 과연 준수한 수준에 올랐음에도 계속 노력하여 완성의 단계로 나아가는 사람이 몇이나 될까? 소수만이 '프로'라고 불릴 자격이 있다.

+   +   +

나는 전부터 그랬다. 타고난 분석력과 민첩성과 은근히 섬세한 감각에 새로 무엇을 배우든 흡수가 빨랐다. 하지만 지속하지 못했다. ‖할 줄 안다‖를 넘지 못했다. 같은 종류의 단점이 커피로, 공부로, 운동 등등으로, 여러 분야에서 변신하며 존재를 드러냈었다.

2015.8.21. 커피의 인연법

1. 궁지에 몰리면 변한다. 비록 변하는 건 같더라도 해당 사건에서 인연법을 알고자 하면 수행이 되고 아니면 경험이 된다. 수행이면 따르는 스트레스가 적다.

2. 자발적이고 선제적으로 바뀌어 가기에 평소에 하는 수행은 큰 이익이 있다. 궁지에 몰리기 전에 벗어난다면 좋지 않겠는가?

3. 인연법을 잘 알수록 변화에 대한 심리적인 저항이 적다. 자신뿐만 아니라 주변에도 이익된다는 합리적인 이유가 보이기 때문에 오히려 변화에 적극적이게 된다. 설령 유쾌하지 않은 방향일지라도 대세를 인식하므로 정신적인 괴로움이 덜하다.

+   +   +

 가루 층을 뚫지 못하는 물줄기 때문에 실험이 정체되고 있었다. 그래서 새로운 드립 포트를 주문했더랬다. 커피는 마시고 싶고 택배는 오기 전이고. 그래서 주둥이를 튜닝한 드립 포트를 다시 썼다. 마실 수가 없는 커피가 반복되었다. 포기 직전까지 갔다가 문득 떠오르는 생각이 있어 원두를 보다 굵게 갈아보았다. 나름 괜찮은 커피가 나왔다.

+   +   +

 내 드립 포트의 물줄기는 자유낙하 하는 형태로 중력 이외의 힘은 여전히 보탤 수가 없다. 그래도 괜찮다. 물줄기를 강하게 바꾸는 것만이 떡진 덩어리를 풀 수 있는 유일한 방법이 아니었다. 대신에 가루의 상태를 바꾸어도 되었다. 원두를 보다 굵게 갈면 입자끼리 뭉치는 힘이 약해진다. 명제는 '추출을 원활히 하려면 가루가 뭉치지 않게 해야 한다.'였다.

+   +   +

인연법이란 어찌나 복잡한지 아주 넌더리가 난다. 약한 물줄기는 물의 양을 늘려서 힘을 강화할 수 있다. 이러면 물이 많아졌으니 커피의 추출 속도가 빨라진다. 빠른 추출 속도를 고정된 변수로 두면 낮은 수온은 사용하기에 적절하지 않게 된다. 내추럴 프로세싱 원두의 경우 워시드보다 낮은 온도로 천천히 추출했을 때가 마음에 드는데 이를 어쩌나.

+   +   +

적을 알고 나를 알면 백번을 싸워도 위태롭지 않다고 했다. 나는 다방면에 무지하므로 호락호락하지 않을 앞날이 매우 뻔한데 '현재 이 시각은 곧장 과거가 된다.'라는 사실을 곱씹으며 바뀌지 않을 것 같은 현실에도 결코 낙담하지 않아야겠다. 모르는 걸 모른다고 인정하고, 알려고 하고, 실제로 조금씩 알아가고 있으면 미래에 부닥칠 어려움을 덜어가는 중이라고 하겠다. 불행 중 다행이란 말이 이것이리라. 난파되는 순간까지 꾸역꾸역 노를 젓자.

흐

흐

오~

오오~

오오오~

흐

오오오오오오오오오오오오오오

오오오오오오오오오오오오오

(오~ 나의 주디. 너무나 아름다워~)

2015.8.26. 원(願)

모든 이들이 진정 바른길을 가길.
고민하고 또 고민하며 앞으로 더욱 앞으로 나아가길.
서로 손잡고 서로 격려하며 이 길을 함께 가길.
누구라도 먼저 가서 누구라도 이끌어 주길.
우리가 행복한 곳으로 너와 내가 닿길.

2015.9.12. 드립, 한 단계 나아감

다소곳이 물줄기가 떨어지도록 주둥이를 손본 호소구치에서 다카히로 드립 포트로 갈아탄 요즘 커피 맛이 확실히 좋아졌다. 물줄기가 뜸물 후의 뻑뻑한 가루 층을 무난하게 뚫고 들어간다. 의도한 대로 추출이 된다. 다행이다. 아직 해결해야 할 게 많지만.

\+   \+   \+

물을 살살 부을 경우 가루의 떡짐 현상이 생길 수 있다고 예상했었다. 새로이 추측건대 그건 입자끼리의 뭉침이 아니라 입자와 진한 커피액이 엉긴, 일종의 젤리 같은 형태로 생각된다. 가스까지 합세하여 방어력이 더욱 강화되는 듯하다.

엉겨 붙은 떡짐이든 젤리이든, 어떤 덩어리짐이 드리퍼 하단에 있다고 가정하고서 이를 수압으로써 풀어 헤치는 실험을 해보니 꽤나 설득력 있는 맛의 변화가 있었다.

2015.9.14. 〈플라츠커피〉 시그니쳐 블렌드

500g을 벌써 소진했다. 좋았던 맛들을 종합하면, 청포도와 사과를 넣고 갈색빛 돌기 시작하는 달고나를 녹여낸 음료였다. 꽤나 열심히 연구했다. 성과로 원했던 두 가지 이익을 얻었고 어마어마한 보너스가 따라왔다.

\+   \+   \+

1. 종이 필터 결점 해결에 진도를 나갔다.

커피 에센스를 더욱 알차게 추출할 수 있게 되었다. 그저께 도반 스님으로부터 드립 실력이 한 단계 좋아진 것 같다는 평을 들었는데 오늘 또 한 발짝 나아갔다.

'물이 가루와 충분히 반응하지 못한 채 필터를 빠져나올 때 필터 결점은 강해진다.'라고 이해하였다. 이를 염두에 두며 드립하였다. 유의미한 변화가 있었다.

2. 습관과 조언에 대해 깊이 사유하게 되었다.

〈테라로사〉와 〈보헤미안〉은 추출 시간이 1분 30초밖에 되지 않았다. 뜸들이기를 포함한 시간이니 얼마나 순식간인지 놀라울 따름이었다. 충격받았던 그 모습과 커피 맛을 롤모델로 삼아 따라가고 있었는데 시그니쳐 블렌드로는 영 맛이 안 났다. 가늘게 갈아보았었다. 아니었다. 수온을 올려보았었다. 소용없었다. 개봉 후 200g 정도가 별다르지 않은 시도들로 그렇게 사라졌다.

실험을 마친 지금은 분쇄를 어느 때보다 굵게 한다. 돌이켜보면 나는 조건이 달라졌음을 완강하고도 부단하게 알려온 이 콩을 다른 콩에서의 성공한 기억에 짜 맞추려 했었다. 번번이 실패하며 소침해진 나는 고집이 꺾였고, 마침내 습관의 힘을 넘어 새로운 시도를 할 수 있었다. 그리고 사유하였다.

'실패임이 드러났음에도 별반 다르지 않은 요소들로 실험을 되풀이했던 건 어느 성공했던 때의 만족감을 지나치게 열망하다 눈이 멀었기 때문이었다. 달라진 조건을 인지하지 못했다.

타인의 조언을 쉽사리 듣지 못하는 이유는 나의 상황과는 다른 말로 받아들이거나 그의 조언처럼 해도 이익이 없었던 경우를 생각하기 때문이다.

스스로는 성공의 기억을 탐닉하지 말아야 한다. 자신에게든 타인에게든 과거를 강요하면 안 된다. 으스대는 자랑이나 해봐서 안다는 이해심은 그 사건이 과거형이기에 부릴 수 있는 여유일 뿐이다. 매번이 '새로운 상황'이다.

실패를 자책이나 비난의 대상으로 붙잡아서는 안 된다. 성패의 경험은 누구에게나 조건과 과정이 사실대로 분석되어야 한다. 그러면 행운에 기대지 않고 성공의 확률을 높이는 쪽으로 경험이 축적된다.'

3. 급한 마음을 더욱 다스리게 되었다.

 이 원두는 잘 우러나지 않았다. 물론 정수기 물과의 궁합이 그럴수도 있으나 이는 논외로 하였다. 공백이 있는 커피 맛으로 유추해 보면 찾아내야 할 다른 요소가 있음이 보이므로 우선 드립 방법에 혐의를 두었다. 평소에 하던 에센스 추출 대신 전체 양을 다 추출하는 방법으로 실험하였다.

'분쇄를 가늘게 하든 굵게 하든 커피가 잘 우러나려면 굵기에 맞게 일정한 시간이 필요하다.'라고, 기다림의 미학을 보았다. 부산에서 서울행 버스를 탔으면 도착할 때까지는 기다리는 일만 남는다. 기다리는 일이 만만치 않은 경우가 있음을 상기해야 한다.

'바르게', '인연대로'의 뜻을 사유해 본다면 답이 쉽게 나온다.

'목적이 달성되게끔 필요한 조건을 충족시켜 나가면 된다.'라고. 목적과 동떨어진 조건이면 목적은 이루어지지 않는다. 조건이 없는 목적은 이룰 수 없는 꿈이고 꿈이 전부인 꿈이다. 한편 목적과 조건의 사실성을 먼저 판단해야 하는데 지금 모르는 것과 어떻게 해도 경험적으로 증명할 수 없는 것을 구분하면 좋겠다. 후자는 얼른 제쳐야 좋다. 전자는 알려는 노력을 죽어도 포기하지 않아야 좋다.

'맛있는 커피'를 위한 '부족한 조건' 중 내가 '지금 모르는 것'은 '기다림'이었다. 맛으로 증명되었다. '기다림이 필요한 일은 기다려야 한다.' 앎이 삶으로 녹아들었다.

2015.9.21. 내가 좀 하지

핸드드립을 조금 알았다고 해서 멈출 수는 없었다. 다음 중 찜찜한 것이 없을 때까지 계속 연구를 하겠다며 2팝 이전의 콩을 대상으로 실험하였다.

1. 아메리카노와 그만큼 희석한 드립 커피를 맛보자. 둘의 질감에 어떤 차이가 있는가?
2. 아메리카노의 산뜻한 산미가 드립 커피에서도 느껴지는가? 마시는 온도에 따라 차이는 없는가?
3. 커핑에는 없는 부정적인 컵노트가 드립 커피에 있지는 않는가? 원두를 바꾸면 커핑만큼 드립 커피의 컵노트도 바뀌는가?
4. 컵노트가 겹치지 않는 두 가지 원두로 핸드드립을 하면 커피

맛도 충분히 다른가?

수온을 높임으로써 어느 정도 해결하였다. 물을 붓는 방법으로 써가 아니었고 말이다. 결과적으로 모든 문제와 관련된 키워드는 수율이었다고 하겠다. 물의 양이나 수압도 굉장히 중요한 요소인데 일단은 드리퍼 가운데에 집중적으로 물을 부어 변수를 줄였다는 말을 덧붙이며 마무리. '이제야 쪼끔 커피가 맛난다!'

<u>2015.9.21. 〈플라츠〉는 사랑입니다</u>

믿고 구입하는 〈플라츠〉에서 1주년을 기념한다며 원두를 냈었다. 즉시 들였었다. 즐거웠던 시간을 정리한다.

1. 시그니쳐 블렌드
다른 건 200g을, 이건 실험용으로 점찍어 500g 용량을 선택하였다. 소임을 다했다.

어둡고 무거운 푸른색 산미가 있었는데 이게 스파클링마냥 톡톡 튀는 다른 컵노트와 어우러져 어쩐지 산뜻하기도 했다. 조용히 말을 걸어왔다.

"냉정하게, 객관적으로 자신을 평가하라. 달콤한 상상은 꿈이
아닌 현실이 될 것이다."

2. 코스타리카 베르데 알토

'오렌지 과즙과 곧장 따라오는 초콜릿'이 나왔다. 이를 재현하고자 했고 모두 실패했다. 하필 첫째 잔이었다니....

3. 케냐 카루만디AA

드립 시 수온을 올렸다는 앞의 글에는 이 콩이 함께하고 있었다. 실험용 2순위였는데 추출이 잘되어 즐기는 시간이 많았다. '이것이 헤이즐넛이다!' 떨이하는 콩에서 최고의 맛을 선사하였다.

4. 에티오피아 드리마 제데

맛있는 기록을 남기자. [20g, 수온 95도, 3+1 분할, 220ml가량 추출]. 3회로 나누어 물을 붓고도 드리퍼에 좋은 향들이 많았기에 한 번 더 물을 부어서 20ml 정도를 더 뽑았다. 원액이 궁금하여 약간을 맛본 뒤 350ml 정도가 되게 희석하였다. 한 모금 머금고 → 삼키고 → 여운을 → 즐김 → 끝 → 아쉬움.

+   +   +

드리마 제데. 콩에 얼마나 좋은 맛들이 많은지 모른다. 어설퍼서 제각각인 드립인데도 매번 먹을 만한 커피가 나왔다. 자몽이 좋았고, 단감이 떠오르는 단맛이 특히 대박이었다.

오늘은 수온을 더 높여서 추출했다. 우유 같은 지방 맛이 많아졌다. 더하여 복합적인 과일 향으로 가득가득. 늦은 밤이지만 꼭 한 잔이 간절하던 차에 저 대박보다 더 대박이다.

간만의 모닝커피
민트 껌이야

문 앞 딱새 흥이 나
성량 깜딱이야

-시제(詩題)로 내려진 '에티오피아 특유의 바디감'을 정말로 염두
에 두고서 아침 풍경을 담다-장원!-

2015.10.6. 대화

"삶의 어느 한 부분을 제대로 통찰하였다면 그 안목을 다른 부
분에도 적용할 수 있습니다."

지역 공동체가 삶의 방식을 공유하던 먼 과거에는 연륜이 곧 통
찰력의 척도였습니다. 차츰 삶의 형태가 다양해지면서 지식과 경
험의 유용함은 특정 세대나 한 집안에 한정되어 갔습니다. 직업
이 세세하게 분화된 오늘날에는 개개인이 각양각색으로 살고 있
습니다. 이제 지식과 경험은 그저 각자의 일에 불과하게 되었습니
다. 세대가 다르면 대화가 통하지 않고 또래끼리는 공유할 수 있
는 이야깃거리가 적으니 세대갈등이나 고독감이 생기는 것은 당
연한 결과입니다. 통찰력이 있어야 들을 만한 말을 할 수 있고 들
어줄 수 있는 귀가 열립니다.

사람마다 타고난 성향과 지혜의 수준이 다릅니다. 유용하거나 유용하지 않은 같거나 다른 경험들을 각자는 개개인이 쓰고 있는 색안경에 따라 다르게 해석합니다. 같은 공간에서 살아도 시간이 갈수록 다른 세상을 사는 듯 느껴지는 이유입니다. 타인과의 차이를 인정하면서, 우열을 나누지 않으면서 자기 자신을 중심에 두고 살아가야 합니다. 가령 두 사람이 똑같은 혜안을 얻었다고 할지라도 서로는 다른 과정을 거쳤을 확률이 아주 높습니다. 그러니 자기중심을 지키려고 노력해야 하고, 그러면서 색안경을 하나씩 벗어가야 합니다. 아니면 우리는 맛없게 나이를 먹습니다.

아무리 큰 행복감에 살아도 통찰력이 더디 자라고 있는 줄 안다면 시간이 가는 게 안타깝겠지요? 한편 몸소 체험을 하며 통찰력을 계발하기에는 인생은 턱없이 짧습니다. 혹자는 젊은 시절이 다 지났다며 한탄할지도 모르겠습니다. 나이는 괜찮습니다. 대화를 통해 서로의 경험과 생각을 공유하면 됩니다. 간접 체험을 함으로써 몸의 나이보다 마음의 나이(=통찰력)가 앞서가게 재촉할 수 있습니다. 따라잡을 수 있습니다. 멀찍이 추월할 수 있습니다.

+   +   +

『밀린다왕문경』에 대론을 하는 두 가지 유형이 나옵니다. 현자의 대론과 왕자의 대론입니다.

상호 간에 소통이 되는 대화가 현자의 대론입니다. 서로 묻고 설명하고 비판하며 합리적인 반론을 수용합니다. 필요하면 더 자세히 토론합니다. 마음에 들지 않는 상황에서도 화내지 않습니다.

왕자의 대론은 일방적인 대화입니다. 왕자는 아무 말이나 자유

롭게 할 수 있지만 다른 이들은 왕자의 눈치를 살피며 말해야 합니다. 언제 벌을 받을지 모르기 때문입니다. 지록위마(指鹿爲馬)를 참고할 수 있겠습니다.

+   +   +

'서로의 삶에 도움이 되고자 한다.' 이 목적이 공유된다면 누구와도 대화할 수 있습니다. 신분이나 나이나 자존심이나 이념 등 그 무엇도 도저히 우선시할 수가 없습니다. 다만 부차적으로 챙기는 배려의 영역으로 생각해야 좋겠습니다. 비록 이렇게 시작하더라도 대화를 하다 보면 서로의 잘잘못에 감정이 동요되기도 합니다. 중생이기에 당연한 현상이라고 받아들이면서, 목적을 자주자주 떠올려 어떤 감정에도 압도당하지 않고 평정을 유지하고자 노력한다면, 틀림없이 모든 어려움을 갈무리하고 더욱 훌륭한 인격으로 태어나리라 확신합니다.

+   +   +

우리가 대화를 하는 건 서로 다른 경험과 평가를 공유하여 삶에 대한 이해의 폭을 넓히고자 함이지 우열이나 시비를 논하려는 게 아닙니다. 어떤 결론을 도출하고자 의도하지도 않습니다. 옳고 그름은 각자의 몫으로 남기고 싶습니다. 무엇이 옳습니까? 자신의 삶에서 증명할 뿐입니다.

2015.10.17. 꿈 쩍

꿈꾸는 내용은 성과가 아니다. 꿈을 간직한 채 꿈을 깨라.

240

2015.11.17. 부산카페쇼

  지지난 주에는 부산카페쇼에 가서 두 손 무겁게 원두를 들고 왔다. 반가운 이름이 적힌 부스에서 두세 봉지씩 산 것과 어찌어찌 아는 분들의 덤이었다. 좋아하는 카페가 더 있었지만 선물로 예정한 원두의 양이 넘었고 손도 부족해서 구경만 하고 지나가야 했다. 내 기준에 참가 업체가 어찌나 알차던지.

  약 2년 전, 스페셜티 커피에 입문하고 즐겼던 〈커피라디오〉. 대구에는 이따금 일이 있으니까 겸사겸사 들러야지 들러야지 못 들렀던 〈류커피〉. 역시 기대를 저버리지 않는 〈앤트러사이트〉. 대중성을 지향한다면서도 충분히 고급스러운 〈테일러커피〉. 매장에 딱 세 번 갔을 뿐인데 자주 찾아와 주어 고맙다며 먼저 말 걸어주신 〈블랙업〉. 게이샤를 만나러 갔다가 커핑을 배우러 매주 출석 도장을 찍은 〈AG커피〉. 장인정신이 느껴지는 〈레트로60〉. 커퍼스에 소속된 여러 카페들. 유쾌한 분위기에 꼽사리 끼고 싶은 곳 〈모모스〉. 커피에 대해 전반적인 그림을 그리게 해준, 늘 고마운 〈마리스텔라〉.
+

  자신의 위치에서 열심히 잘 살며 세상의 한자리를 차지하고 있는 사람에게는 배울 점이 반드시 있다. 내가 생각하기에도 나는 커피에 지나치게 관심을 쏟고 있지만, 좋은 사람들의 활동을 소비하면서 나의 길을 지속하는 힘을 얻고 있어서 아직은 자제할 마음이 없다. 스페셜티 커피 그룹을 바라보는 시선에 기대와 부러움이 반반 실렸다. 저들이 커피를 중심으로 교류하는 모습이 부럽고, 도반들과 저들처럼 협력하며 지내기를 기대한다.

2015.11.17. 칼리타 필터

필터 종류를 바꾸었더니 추출 모양새가 확 바뀐다. FP필터는 NK필터에 비해 여과 속도가 현저히 빠르다. 종이가 두꺼워서 미분에 의한 막힘이 적다. 커피를 내릴 때는 NK보다 수위를 낮춰야 한다.

며칠 동안 새로이 FP필터를 쓰면서 NK와 같지 않다는 사실 - 맛없는 커피 - 에 기분이 방바닥에 들러붙었다. FP에 적응이 되면 말이 달라지겠지만, 드립을 하기에는 NK가 더 편하다.

속이 후련하다. 필터 탓을 하였으니 이제 되었다. FP를 파악하자. 되는 데까지 맞춤형 드립을 하자. 머리로 정리했다 하더라도 실제 몸으로 표현해 내기까지는 경우에 따라 시간이 필요할 수도 있지 않겠나 혼자 생각해 본 것 같다. (정치에 입문해도 되겠....)

2015.11.27. 칼리타 필터 비교. NK 그리고 FP

완제품 봉지 겉면에 표시가 없으면 아마 NK일 것이다. 나의 드립 방법은 NK에만 특화되었는지 FP를 쓰면 필터 결점이 심해 멘붕이 왔었다.

둘의 차이는 단연 두께라 하겠다. 이것은 여과량 또는 여과 속도의 차이로 나타나며 FP가 NK에 비해 뛰어나다. 핸드드립 시 추출 속도가 점차 느려지는 건 '섬유조직 사이의 구멍들이 미분들로 막혀서'라고 추측하고 있다. FP는 NK보다 두꺼운 만큼 더 많은 미분을 품을 것이다. 상황이 이렇다면 각각의 필터에 어울리는 드립 방법이 따로 있겠다. 분쇄도가 같다고 가정하고 쓰임을 나누어보았다.

FP - 신점드립 등. 에센스 추출 후 희석. 일종의 오버도징으로써 1-2인용 드리퍼에서 25g 이상을 드립할 때. 보급형 핸드밀 등 미분이 많은 그라인더를 쓸 때. 약배전. 물 빠짐이 빨랐으면 하는 경우.

NK - 푸어오버. 25g 미만의 적은 양으로 드립할 때. 미분이 적은 그라인더를 쓸 때. 물 빠짐이 느렸으면 하는 경우.

곧 실험해 보겠지만, FP로 푸어오버를 한다면 같은 콩이라도 더 가늘게 분쇄해야 할 것으로 생각된다. FP는 NK에 비해 여과가 원활하다. 이를 활용하면 장점이, 놓치면 단점이 된다. NK보다 비싼 값을 치렀으니 중간이 없다.

필터 성능의 차이는 그 자체로는 우열이 없고 사용자에 의해 가치가 좌우된다. 그러므로 둘의 성향을 모두 파악하고서 상황에 따라 적절하게 골라 쓸 수 있는 실력이 중요하겠다. 내가 생각하는 큰 틀은 이렇다. '자신의 습관적인 드립 방법에서 여과 속도가 너무 빠르다 싶으면 NK를 쓰고 자꾸 지체된다 싶으면 FP를 쓰자. 그게 그거면 NK를 쓰자.'

이러나저러나 마지막 결정은 잔에 담긴 커피 맛으로써 해야 한다. 빠른 FP이든 느린 NK이든 괜찮다. 결점만 없으면 어떤 맛도 모두 취향에 속한다. 다름에는 잘잘못을 붙일 수 없다. 호불호가 따를 뿐이다.

2015.11.28. 칼리타 필터

칼리타 드리퍼에 쓰이는 흰색 필터는 두 종류가 있다. 얇은 NK 와 두꺼운 FP이다. 명확히 차이 나는 두께가 드립 방법에도 반영 되어야 한다.

'지금껏 쓰던 게 NK였다.' 칼리타 KH-3 그라인더와 함께하던 과거에 샘플을 받아 한번 내렸던 커피가 좋았었는데 그때가 FP였 던 기억이 떠올랐다. 마침 NK도 다 썼겠다 FP로 바꾸면 커피가 더 맛있어질 거라는 기대로 택배를 기다렸다.

기대? 싹- 처참히 엇나갔다. 여과가 잘되는 FP는 한편으로는 빠른 여과 속도로 인해 필터 결점의 위험이 더 컸다. '내 커피가 위험해졌다!' 근래에는 핸드드립 실력이 엉망인 수준을 벗어나 나름 안정되었다고 자부했는데 필터 하나로 이렇게 망가지다니. 한동안 넋이 나간 듯해서 안 되겠다 싶었다. NK를 샀다. 비교를 해보니 어느 정도 예상이 맞는 모양새였다.

+   +   +

더 좋다는 말은 같은 조건에서 비교할 때 써야 하겠다. '미분이 많은' 핸드밀이라는 조건을 고정하면 드립하기에는 FP가 더 수월 하다고 생각한다. 미분에 의한 지체를 상쇄시켜 주기 때문이다.

미분이 적은 리도2로 푸어오버식 드립을 한다면 물을 대충 부어도 필터 결점이 덜하기에 NK가 유용하다.

 다른 상황, 달라진 조건을 고려하지 못하고 나의 경험을 바탕으로 좋고 나쁨을 갈라친 일들과, 그래서 편협한 해석만을 주장했던 일들을 찾아 삶을 뒤적여 보았다. 곳곳에 다반사였다. 나나 남이나 할 것 없었다.

 FP로도 만족스러운 커피를 만들 수 있으면 드립 실력이 한 단계 발전했다고 여겨도 되겠다.

2015.12.7. 두 팔 벌려 있을게. 大

 어리석은 자는 자신만의 행복을 위해 힘을 쏟고 지혜로운 자는 어리석은 그 자까지도 힘써 위한다.
 어리석은 자는 자신을 위한답시고 하는 일이 제 몸에 불을 붙이는 것과 다름없다. 그러면서도 지혜로운 이가 도움을 주려 하면 앙칼지게 경계한다.
 어리석은 자는 남들보다 위에 서고자 하며 자신이 우월하다는 자존감에 기뻐한다. 지혜로운 자는 남들을 떠받치며 그들의 웃음에 미소 짓는다.

 심신과 금전에 여유가 있을 때 가장 지혜롭고 급박할 땐 어리석어진다. 여유가 넘칠 때는 역으로 어리석어진다.
 수다원 등 사향사과로 불리는 성인의 반열에 오르지 못한 중생이란 얼마쯤은 어리석고 얼마쯤은 지혜롭다. 그래서 '너'와 '나'는 '우리'로 묶인다.

대인배는 대가족이 따르는 사람이고 소인배는 가시적인 식솔만 꾸려가는 사람이다.

크고 작은 집단의 대표는 각기 그 집단의 크기만큼 대인배라야 옳다.

집단보다 그릇이 작은 리더는 집단을 이용해 사익을 추구하고 집단보다 큰 리더는 구성원들로부터 볼멘소리를 듣는다.

이상적인 사회란 작은 리더가 좌천되기보다 허물을 벗는 시간을 보내게끔 해주고, 큰 리더는 팀킬 당하기보다 이상과 현실을 조율하고 세심해지는 시간을 보내게끔 하는 사회이다. 이를 위해서는 리더를 포함한 구성원 전체의 역량이 중요하겠다. 사회 시스템이 정비돼 있어야 하겠다.

지혜로운 자가 어리석은 자를 위해 힘을 쏟는 건 희생이 아니다. 희생으로 생각한다면 정말로 오산이다.

어리석은 자가 추구하는 행복에는 안온함이 없어 행복해지고자 하는 언행임에도 분란과 걱정이 뒤따르고 지혜로운 자는 타인의 행복을 도모하지만 자기 내면은 고요한 경지를 향해 나아간다.

어리석은 자는 타인을 타인으로 보아 유리창 너머의 표정과는 상관없이 유리에 비치는 자신의 표정이 밝으면 만족한다. 지혜로운 자는 타인을 자신으로 보아 유리창 너머의 표정과 유리에 비치는 자신의 표정이 다른 것을 근심한다.

무릇 집단의 대표는 대인배라야 하겠다. 대인배는 무엇이 다른가? 알고 말하는 행복이 입체적이고 보편적이다.

246

2015.12.26. 소인과 대인

소인은 이해관계가, 대인은 관계 이해가 숙제다.
누구나 마음에는 소인과 대인이 함께 산다.

2015.12.29. 내가 그린 바람 그림. 짜가 미술치료

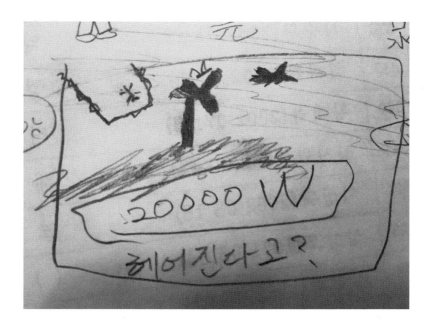

[그림 설명]

바람 부는 언덕에 풍력 발전기가 하나 있다.
이것이 생산하는 전력은 2만 와뜨.

오른쪽으로 바람을 거스르며 날아가는 새가 있다.
왼쪽 위엔 찢어진 부분이 보인다.

[경험]

나와 너
바람과 발전기
일방적이었을까?

내가 품었던 사랑이
20000 인사로 내빼니
작별이 반짝여

이만? 와뜨? 무슨 소리야? 나와 너가 헤어진다고?

[내면]

모두 소용없다. 나는 새가 되었다. 너에게로 보내던 훈풍은 타고
가야 할 께름칙한 흐름이 되었다.

돌아서는 마지막 너의 얼굴이 기억나. 찢어진 부분은 네 미소에
긁힌 생채기이다. 하필 내 어떤 것도 있지 않은 데에 위치한 것은
지금의 아픔조차도 너와의 추억으로 남기고 싶어서이다.

모든 것은 네 뒤에 있다. 네게 보이고 싶지 않다.

2016.1.18. 〈포트1902〉 닉시 블렌드

마지막 한 모금에서 딸기 시럽이 선명했다. 감탄하며 고개를 젖혔을 때 재밌다는 듯 웃고 있는 물의 요정 닉시와 눈이 마주쳤다.

"안녕, 닉시!"

'반복되는 일상에서 발견하는 작은 변화들, 그 속에서 느끼는 소소한 행복감들은 반복되는 것조차 당신 삶의 일부분이란 사실을 일깨워줍니다. 그대의 삶을, 우리의 삶을 응원합니다.'
〈포트1902〉에서 제공하는 닉시 블렌드에 대한 설명처럼.

2016.2.17. 고정관념의 틀

긍정적으로 보면 고정관념은 먼 과거로부터 오늘에 이르기까지 삶에 유용했던 앎을 축적한 결과물이자 실로 검증된 정보라고 하겠다. 이처럼 모나지 않은 단어인데 어쩐지 부정적인 뉘앙스로 쓰임이 기울어지는 이유는 떠나려는 사람의 발목을 너무나 단단히 붙잡기 때문이다.

고정관념을 벗어나기 어려운 이유는 그 틀이 내 사고방식의 가장자리를 두르고 있기 때문이다. "고정관념이라는 말조차 각자의 고정관념에 따라 다르게 이해한다."라는 말로써 의미를 보충한다. 이쯤 되면 말장난으로 치부할 수도 있겠다. 희론은 나부터 경계하므로 한 가지를 제시한다.

'문제의식. 고정관념을 벗어나는 시작점이다.'

대뜸 타인의 고정관념을 비난하는 건 사상적인 폭력이다. 남에게 피해를 끼치는 자신의 고정관념을 고수하는 것도 폭력이다. 설령 인지하지 못했더라도, 의도하지 않았더라도 다름없는 폭력이며 당하는 사람은 아프다.

사람마다 문제의식이 다르다. 평범의 틀에 싫증을 느끼는 사람은 실험하고 경험하고 확인하며 새로이 틀을 조직해 보도록 장려되어야 한다. 남에게 피해를 줄까 조심하면서 고정관념을 탈피하고자 시도하는 사람이 있을 때, 이 귀한 사람을 격려는 못할망정 튄다며 눈치 주고 능력이 되냐며 얕잡아 보면 어쩌나. 차라리 무관심한 게 낫지, 매우 가여운 가해자이다.

+   +   +

내게 이런 고정관념이 있는 줄 몰랐다. 원두의 종류나 상태를 구분하지 않고 시계를 보면서 내정한 뜸들이기 시간이 채워지길 기다리고 있었다. 내일은 적당한 때를 보아 1회차 추출을 시작할 것이다.

이러면서 나란 사람도 바뀌어 간다.

2016.3.2. 동업자 정신으로

아무리 마니아라 해도 취향을 찾기 이전에 일정한 수준을 요구하기 마련이다. 나는 허용폭을 넓게 하려는 마음이 있고, 준수한 것을 만나면 설령 선호하지 않는 것일지라도 함께 기뻐할 수 있다. 음료의 수준을 가늠함에 얼마나 공유 가능한 기준을 가졌는지는 부차로 하자. 커피를 좋아하지만 카페에 가면 커피를 피하는 아이러니가 있다.

모르겠다. 어쩌면 나는 진상일는지도. 종이 한 장 차이에서 나를 어디에 속한다고 특정하고 싶지 않다. 상대가 그렇다면 그렇다고 받아들인다. 다시 찾지 않을 뿐이다. 환불을 요구하거나 새로 만들어 달라거나 하지 않는데. 그저 남길 뿐인 커피는 바리스타의 노고를 조금은 이해하니까, 1인 1메뉴의 공간 이용료는 안내가 없어도 당연히 내야 하고, 핸드드립 장면을 보지 않고 커피 맛으로써 드립 과정을 추측해 보고 분석도 해보는 수업료라고 생각하면서 가벼운 마음으로 돌아서는데. 내가 보기에 아무리 커피에 문제가 있어도 사람을 흠잡지 않는데 나를 문제시하는 남들의 시선이 따끔하다. 그래서겠다. 단골 카페나 홈 바리스타가 요긴한 이유가.

무슨 일이 있었던 건 아니고 그냥 동업자 정신으로 쓴다.

2016.3.8. 신조어를 알았다

부질없는 욕심이다.

하나. 노력보다 더 얻고자 하는 욕심.
하나. 편법으로 쉽게 얻고자 하는 욕심.
하나. 수단이 적절한가는 안중에 없이, 제 딴의 노력이면서도 나의 일은 무조건 잘되어야 한다는 욕심.

욕심에 답정너를 시전했더니 넌씨눈이란다악ㅊ.

2016.3.27. 발품을 팔았다

　지난주 서울에서의 카페투어는 백 번 천 번 유익한 시간이었다.

〈뉴웨이브커피〉. 내가 길치이긴 해도 카페가 원래 찾기 어려운 곳에 위치해 있었고, 간판도 눈에 들어오는 모양이 아니었고, 바로 직전에 다른 멋진 카페가 하나 있었기에 사진 찍어온 인터넷의 지도가 구버전이라 혹 카페를 이전했음에도 반영되지 않은 건 아닌지 하고 의심병이 도져서 코앞까지 갔다가 주변을 돌기를 반복했다. 빵 조각을 믿었던 헨젤을 토닥이며 배회하다 찾았다. 들어가니 테이크아웃으로만 판매한다는 이야기를 들을 수 있었다. 브루어스컵 수상자라는 정보 이외에는 꼼꼼히 챙기지 않은 나를 원망하였다. 어떤 음료를 주문해도 고생이 토핑될 판이었다. '단게 좋지 쓴 건 싫은데.'

라떼로 선택하였다. 우유가 소화가 잘 안 되는데 라떼는 무슨 맛으로 먹는지 궁금해서 도전한다고, 고소하거나 편안한 맛이 나는 일반적인 라떼 말고 프릭 님의 블로그에서 본 것처럼 신맛 나는 커피가 우유에 밀리지 않는 그림을 경험하고 싶다고, 원두를 고를 수 있으면 약배전이 좋겠고, 쓴맛을 배제하기 위하여 리스트레토 추출을 원하는데 혹시 가능한지 여쭤보았다. 에티오피아 원두가 준비되어 있고 추출은 세팅해둔 값으로 할 텐데 별로면 다시 만들어 주겠다고 하셨다. 초보의 뜬구름 잡는 소리를 간파하여 기술적인 측면의 요청을 마음 다치지 않게 묶어놓고 목적지로 곧장 데려가시는, 교육도 많이 하신다더니, 실력자였다. 라떼 맛보는 방법을 한 줄로 요약하여 알려주셨다.

마셔보았다. 우유를 뚫고 올라오는 커피의 과일 향을 처음으로 느꼈다. 좋은 설명과 좋은 라떼. 드디어! 라떼다! 얼마나 좋았는지 '자주 먹고 싶은데. 서울까지 올 순 없고. 직접 도전해 봐?' 하는 생각이 들었다.

겉으로는 담담하게 있었지만 돌아서기 싫은 시간이었다. 테이블이 없으므로 상황이 뻘쭘해지기 전에 한 잔을 더 주문하였다. 모카 마스터로 내린 '알마네그라', 매우 훌륭했다. 사람 손으로 내리는 커피가 최고라지만 이만큼 깔끔하게 핸드드립하기란 장담컨대 어려울 것이라고 생각하였다.

'어? 토핑이 없었네? 없었어. 헤헤.'

〈앤트러사이트〉. 하리오로 내린 에티오피아 커피, 필터 결점이 없었다. '아... 드립 장면을 봤어야... 배울 점이 있었을 텐데... 잘

됐다. 또 와야.'

'공기와 꿈'이 에스프레소가 아니라 드립 커피로 나왔다. 카운터로 가서 말씀드렸더니 에스프레소는 메뉴판이 따로 있었다며 가리켜 보인 뒤, 받은 커피를 다 마시고 오면 서비스로 내어주겠다고 하셨다. 고객 놈이 잘못했다는 느낌이 들지 않게, 다음에는 실수하지 않도록 고객님께 안내하는 모습이 인상적이었다. 리필 대신 훈훈한 정을 챙겼다. 커피도 서비스도 이름값다웠다.

〈5브루잉〉에서는 바리스타께서 대회에 들고 나갔던 창작 메뉴를 맛볼 수 있어서 좋았다. 독특한 음료가 몇 가지나 있었는데 메뉴판에 있는 걸 늦게 발견하는 바람에 투어 계획을 짜며 인터넷으로 찜했던 한 잔만 마셨다. 눈뜬장님이었다. 다음 기회에.

〈콜마인〉의 딥 카푸치노는 우유 위에 코코아인지 초콜릿인지 가루가 뿌려져 있었다. 받아들고는 슬쩍 입을 대었다. 우유 거품의 질감이 음료의 전체적인 맛과 조화를 이루며 특별하게 다가왔다.

'역시 컵에 먹어야. 테이크아웃이 아니라고 하길 잘했다.'

실내에는 사람이 많아서 마당으로 나가 화단 난간에 걸터앉았다. 첫인상이 흥미로웠으니까 명상모드로 마셨다. 빈 컵으로 돌려드릴 때 내게 맛이 괜찮았는지를 묻기에 맛을 회상하며 답했다. "예. 또 오고 싶어요."

문을 나서며 독백을 하였다. "한 모금 한 모금에 펼쳐졌던 달달한 세상에서 잘 놀다 갑니다."

254

〈카페이미〉에는 어여쁜 직원들이 계셨다. 그냥 다른 것 같았다. 바로 앞에 있는 사람들인데 TV로 보는 듯 먼 느낌이었다. 애로 보인다는 말을 연장자에게 들은 적이 있었는데 그 뜻이 생생하게 느껴졌다. '내가 나이가 들었나 보다.' 하는 생각이 들었다.

아직 아르자 싫은데.

아직 아르자 싫은데.

아직 아르자 싫은데!

딸기딸기한 구성으로 주문해 보았다. 직원들의 생동감이 느껴졌다. 젊은 감각이 흡수되라고 보기 좋은 디저트를 하나 더 먹었다.

다시 찾을 〈커피템플〉. 〈뉴웨이브〉가 초기불교처럼 기본기가 탄탄했다면 여기는 대승불교처럼 응용이 화려했다.

텐저린 라떼, 사브레 두 개를 주문했다. 구획 지은 듯 또렷하게 음료의 개성을 살리는 동시에 살뜰히 건강까지 챙긴 게 맛에서 느껴졌다. 여기를 추천해준 지인의 '시그니쳐 음료는 다 먹어보시라'는 말마따나 몽땅 섭렵하고 싶었지만, 빈속이었고 해가 꼭대기를 지나면 먼 길 가는 버스를 타야 했기에 꾹 참았다.

꾹

꾸
욱 꾸 욱.

2016.5.6. 흐름

일이 순서대로 조금의 틈도 없이 이어지는 것을 흐름이라 한다.
흐름을 알고서 흐르게 하면 예정된 곳으로 흘러갈 것이다.
때론 거스르지 못하는 흐름도 만난다. 최선이 불가하면 차선이 최
선이다.
흐름을 아는 것은 지혜의 영역이다. 흐름을 타는 처신 역시 지혜
의 영역이다.
흐름을 모르기 때문에, 흐름을 벗어났기 때문에 문제가 생긴다.

기대도 걱정도 다 무어랴.

2016.5.6. 꿈

나여야만 하는 것을 꿈꾸지만 나 아니어도 되는 것에 안주하고
싶다.
너여야만 하는 것을 응원하지만 너 아니어도 되는 것에도 박수를
보낸다.
편안하고 담대하게 꿈을 꾸자. 차분하고 묵묵하게 좇아가자.

언제나 바라는 나의 꿈은 나와 주변 모두를 사랑하는 일이다.
나와 세상이 달라도 생각과 내가 달라도 다.

2016.5.17. 에티오피아 캠진

〈저스트 빈〉에서 사온 콩으로 라떼를 만들었다. 버터 발린 식빵이 노릇하게 구워지듯 우유에 커피가 젖어 들어 노릇해지는 느낌이 좋다. 매장에서 마셨던 것에 비할 바 아니지만 홈카페를 자랑하기에는 조금도 부족하지 않다. 프렌치프레스로 우유 거품을 내었는데 이때 물을 첨가했었다. 질감이 가벼워지라는 의도였고 다가가기 편한 음료가 되었다.

'즐겁게~ 가볍게~ 도전! 하는 마음으로~ 살아보는 걸로~ 남에게~ 피해가 가지 않는~ 선에서~ 마음껏! 노릇해지는 걸로~'

2016.5.19. 비옥한 땅

양념 같은 순간들이 함께하는 평범한 일상의 반복. 여기 어딘가에서 변화는 시작된다.

2016.5.31. 〈레드 루스터 로스터스〉

남의 이야기였으면 믿지 않았을지도 모르겠다. 커피를 통해 인내와 확신과 역할을 배웠다.

'가운데부터 물을 붓기 시작한다. 거품이 봉긋하게 올라오는 것을 보면서 점차 밖으로 물줄기를 옮겨 간다.'라는 뜸들이기 기준이 있는데 콜롬비아 산 아돌포 커피에서는 성급히 나갔다. ~~자크마차 커피 리뷰 94점짜리 원두로~~ 네 번이나 비슷한 잘못을 반복하고서야 내 커피만큼 가벼웠다는 자기 진단 결과를 수용하였다.

어떻게든 활로를 열기 위해 기억을 되감으며 살폈다. 마음 녀석이 약배전 원두를 버리고 내달린 지점을 찾았다. 원두 자체는 아무 문제가 없으면서 다른 원두보다 물과의 반응이 느렸는데 이걸 받아들이지 못하고 조급했었다. 천천히 부푸는 게 원래 그렇다고, 이 콩만의 걸음걸이를 열린 마음으로 긍정하겠다고 다짐하면서 다시 드립을 하였다. 단위 시간당 물의 양을 줄이고 시간을 늘림으로써 외면상 기준에 부합하는 뜸물을 부을 수 있었다.

커피 맛을 확인하고 적합 판정을 내렸다.

+   +   +

참선할 때에도 허덕였다. 좌복에 앉은 직후에는 오뚝이인데 십분 이십분 지나면서 공부에 애쓰는 마음이 어딜 가고 없어졌다. 온갖 신체적, 정신적 경계들에 사로잡혀 초심이 흩어져버렸다.

삶의 현장에서 다양한 경험들에 습관대로 반응하기보다 현상의 원리적인 면을 이해하려 하면서 상황 따라 대응하는 쪽으로 마음을 기울일 수 있어야 좋겠다. 그래야 수행이 노력만으로도 좋은 것에서 정확한 앎이 생겨 바른 것으로 살아나지 않겠는가?

+   +   +

258

생두를 오크통에 3주간 숙성했다는 브라질 버번 배럴 커피에서는 삼국지의 촉나라가 생각난다. 오호대장군과 제갈량 등 쟁쟁한 인물들이 많지만 어쨌든 군주는 유비라는 사실. 오크통의 영향으로 여겨지는 화려한 향미들은 장군과 책사이고, 콩의 은은한 초콜릿은 유비 역으로 소탈하게 자리하면서 구심점을 떠올리게 한다.

자신의 위치를 받아들이면서 역량껏 힘써야 한다는 걸 안다. 하지만 이렇게 살아가고 있는 사람이 과연 있기나 할까 회의적일 만큼 실천하기가 어렵다. 그래도 인연법과 인과법은 세상이 돌아가는 원리이기에 어려움이 포기함을 정당화하지 못한다. 브라질 원두처럼 구심점 역할을 맡아야 한다면 나는 얼마나 감당할 수 있을까? 존재를 구성하는 기본적인 욕구 가운데 하나가 명예욕임을 감안하면 어마어마한 노력이 필요하지 싶다. 처음에는 전혀 괜찮아도 남들이 자꾸 몰라주는 어느 때에는 우울해지지 싶다.

2016.6.17. 복잡하다

1. 로스팅 후 늦어도 3주 안에는 원두를 소비하고자 했다. 이렇게 기간을 맞춰가며 먹는 게 귀찮아진다. 필요할 때마다 200g씩 사면 좋겠지만 택배비가 붙어 체감되는 가격이 수직 상승한다. 무료 배송을 맞추려면 보통 200g짜리를 3개 이상 사야 하는데 양이 많아 산패가 신경 쓰인다. 3주, 3종, 총량 500g이 딱이다.

2. 이 귀차니즘이 커피가 싫어졌음을 의미하지는 않는다. 보다 편해져서 그렇다.

3. 할인할 때 원두를 넉넉히 사서 먹다가 로스팅이 2주가 지난 뒤부터 조금씩 콜드 브루 커피를 만들면 되겠다. 커피 마시는 양은 늘상처럼 하되 원두를 구입하는 간격이 더 멀어지도록. 보존 기간이 늘어나니까 과거에 콜드 브루 커피를 고려해 본 적이 있었는데 그때는 과정도 여건도 만드는 게 더 성가실 것 같았다.

+   +   +

1. 갓 볶은 콩은 가스가 많다. 이걸 어떻게 드립해야 하는가? 어떠한 이유 때문인가? 추출 방법에 딱히 변화를 주지 않는다면 커피 맛 또한 평소와 다름없기 때문인가? 아니면 제어할 수 없다고 손 놓은 것인가?

2. 맛으로써 수율과 편 추출을 어느 정도 가늠할 수 있으면 좋겠다.

3. (개인적인 추측이라 신빙성이 없지만) 가스가 많은 콩이든 많이 빠진 콩이든 수율에 해당하는 유효 성분의 추출은 더디게 진행된다. 더디다는 결과는 같지만 더딘 이유가 다르다.

+   +   +

1. 이론은 그 자체로는 하나의 자료에 불과하다. 필요로 하는 사람에게 안겨야 의미가 살아난다.

2. 평면 상태인 '이론, 말'을 입체적인 '실제, 현실'로 구현하려면 때로는 재료들이 추가적으로 사용되어야 한다. 이것저것 일을 벌이기엔 자원이 한정적이므로 목표를 선택하기 전에 단지 보기에만 좋은지 아니면 유용하기도 한지를 꼼꼼히 따져야 한다. '시간'

이 귀한 재료가 된 이후는 상상하기 싫다. 이론으로 남길 것인가 구현할 것인가를 판단함에 갈팡질팡 우유부단하면 헛된 소모가 많겠다.

+   +   +

1. 유튜브로 노스님의 하안거 결제 법문을 들었다. 눈물이 났다. 오랜만이었다. 오 년 전, 첫 선원 안거를 준비하며 노스님께 받은 가르침 가운데 스스로에게 적용하지 못하고 있던 하나가 이해되었다. 당장에 큰 효과가 났다.

+

1. 계곡물 따라가는 종이배는 물의 흐름을 따라가도록 두어야 예쁘다. 빨리 가게 하려거든 물살을 재촉하고 뒤집힐까 염려되거든 물길을 고르게 하라. 배가 튼튼하다는 건 물살의 영향을 적게 받는다는 의미에 불과하다. 어느 하나도 간과하지 말라. 갈 수 있는 곳으로, 갈 수 있게 가야 한다.

2016.6.19. 오늘도 소심하게 씨앗을 심는다

이따금 이런 생각을 한다. '고등학교 2학년 2학기부터 수능 때까지 바짝 공부했던 당시처럼, 지금부터 1년 만이라도 벼락치기를 하면 정신적인 10년 치 식량이 만들어지지 않을까?'라고. 물론 공부의 종류가 달라서 결과를 장담할 수 없지만 적어도 인내와 노력은 떠올라 빛을 발하지 않을까?

2016.7.1. 문사수 커피

 내 실력에 NK필터로는 도저히 콜롬비아 게이샤를 맛있게 추출할 수 없었다. 개중 잘 나온 것도 프렌치프레스에 한참 못 미쳤다. 어찌해 보았어도 결점이 삐져나왔다. 칼리타로는 방법이 깜깜하니 불가능하다고 예단했던 도구들을 끄집어내야겠다고 생각했다. 칼리타에 익숙해졌고 맛도 크게 부족하지 않은데 다른 것을 쓰면 새로 실험을 해야 하니 실제로는 귀찮았던 거지 불가능이 낙인은 아니었다. 이제 때가 무르익었다.

 필터 결점이 칼리타보다 심해 쓰지 않았던 하리오 드리퍼를 먼저 선택했다. 처음부터 몇 번째까지의 커피는 걱정했던 그대로였기 때문에 버렸다. 계속 도전하였다. 거품 신공을 쓰면 먹을 수 있는 수준을 만들었다. 점차 사용법이 정교해지면서 잘못 내린다면 칼리타를 썼어도 다름없을, 편 추출이나 과다 추출로 인한 쓰거나 잡다한 맛이 더 불편할 정도로 도전의 성과가 쏠쏠했다. 추출을 일찍 종료하거나 뜸물 이후 1회차 물 붓기를 조금만 서둘러 시작하면 결과물이 더 맑아질 것으로 예상되어 필요한 실험을 짰다.
+

 추출 시간을 단축하려는 계획은 실천이 잘 안 되었다. 커피 맛에 반복되고 있는 아쉬움이 있어 관성적인 드립을 비판하는 입장인데 막상 벗어나려고 하면 '다르게 해도 괜찮을까?' 하며 막연한 걱정이 손을 잡아맸다. 도저히 이해가 가지 않고 이유도 모르겠다. 커피는 둘째 치고 심리의 흐름을 더욱 정밀하게 관찰하여 마음의 벽부터 허물어야 하겠다. 그래야 커피도 진도가 나가겠다.

그나마 뜸들이기 단계에서는 약간의 변화를 주었는데 대단히 성공적이었다. 완성을 향해 가는 과정에서는 모든 게 중요하다. 아무리 소소해도 그것이 빠지면 완성이라는 단어가 성립되지 않는 까닭이다. 덕분에 하리오와 칼리타의 차이를 맛으로 느끼게 되었다.

흔히 칼리타는 바디감이, 하리오는 깔끔한 맛이 잘 나온다고 한다. 실제로 그렇다. 다만 지나쳐서는 안 될 사실이 있으니, 잘 추출한 커피끼리 비교해야 그렇다는 것이다. 같은 원두를 칼리타와 하리오로 각각 드립하여 몇 번이고 같은 결과가 나오는지를 보아야 하겠다.

이론은 이론일 뿐이다. 이론대로 이행되지 않은 상태인데 마치 적용된 실제인 것처럼 말하면 잘못이다. 하리오와 칼리타의 차이점에 대한 설명은 이론이다. 직접 느낄 수 있게 맛으로 선보일 때라야 비로소 실제가 있다고 하겠다. 드리퍼에 따라 커피의 맛이 달라진다고 말하면서 말과 다른 커피를 내어 주면 안 되겠다.

이론을 아는 것은 가치가 있다. 이론은 숨겨진 말꼬리가 없어야 사랑스럽다. 실제를 아는 것은 가치가 있다. 실제는 이론을 넉넉히 품을 때 아름답다. 이론에 기대어 실제를 왜곡하거나 실제에 함몰되어 이론을 무시하는 경우가 나에게도 남에게도 흔타.

+   +   +

+

+   +   +

문(聞) 사(思) 수(修)

아는 것만 해도 장하다. 하지만 실천하지 않으면 소용이 없음을
가벼이 여기지 말자.

때때로의 실천이라도 매우 훌륭하다. 그러나 결정적인 한 번의
눈감음으로 모든 노고가 거품처럼 사라질 수 있음을 유념하자.

매번에 후회하지 않을 행동으로 살아가기란 불가능에 가깝다.
그렇다고 할지라도 대체할 것 없는 유일한 목표, '완벽'은 조금도
손대지 말자.

아무리 생각해 보아도 그렇다. 아는 것만 해도 장하다. 한 번이
라도 실천하는 순간 모든 관전자를 넘어서기 시작한다. 부족함이
없는 앎을 가졌고 행실까지 하나로 따라가는 삶이란 불가능에 가
깝다. 그러니 나는 나를 봐준다. 나, 허점투성이여도 기간을 길게
잡고 보면 원하는 대로의 변화가 아직 진행 중인 까닭이다.

555.5.5. 오달지는 거품 신공

방울 물로 드립하면 만들어지는 거품에 체프 등 맛에 부정적인
물질이 흡착된다. 추출을 끝낸 후 서버의 커피에 거품을 일으켜도
잡미가 줄어든다. 후자에 관한 이야기이다.

1. 왜 쓰는가?
커피가 바탕은 나쁘지 않은데 필터, 로스팅, 도구의 청결 등등의

이유로 이물감이 느껴진다. 먹기엔 불편하고 버리기엔 아까울 경우 부정적인 성분을 선별하여 걷어내려고 쓴다.

　서버에 담긴 커피의 표면을 관찰해 보자. 필요하면 빛을 비추어 보자. 기름띠가 보일 때도 있고 아닐 때도 있을 것인데 맛의 만족도는 깨끗할 때가 좋았다. 다른 결정적인 원인이 없다는 가정하에 잘 된 드립에서도 기름띠가 보이면 로스팅 결점(언더 디벨롭)이 있는 것으로 판단하고 거품 신공을 쓴다.
* 같은 원두인데 기름띠가 있기도 하고 없기도 하면 콩 외적으로 원인을 찾는다. 콜드 브루 커피등 냉장 보관한 커피의 기름은 해당하지 않는다.

2. 어떻게 하는가?
　회오리를 만든다는 생각으로 서버에 담긴 커피를 둥글게 돌리자. 서버의 이동을 원에서 길쭉한 타원형이 되게끔 하는데 팔의 움직임을 최소화하면서 손목의 스냅을 이용한다. 점차 타원에서 직선 왕복 운동에 가깝게 돌린다. (소주병 안에 회오리를 만드는 것과 비슷한 면이 있으므로 참고한다.) '촥- 촥-' 하는 느낌으로, 손목을 앞으로 꺾을 때 커피가 서버의 벽면을 치게끔 하면 거품이 잘 생긴다. 커피가 진하면 거품이 더 잘 생긴다.

3. 어떻게 담는가?
　서버를 들어 커피가 돌게 돌린다. 거품이 커피를 따라 돌 때 서버를 한쪽으로 천천히 기울인다. 거품이 기울인 쪽 벽면에 가까워질 것이다. 커피의 움직임이 멈추면 거품이 나오지 않게 반대편으로 커피를 잔에 따른다. 만약 서버에서 커피를 희석하려면 커핑 스푼으로 거품을 먼저 걷어내도록 한다.

4. 어떻게 되는가?

튀는 이물감이 줄고 맛의 일체감이 높아진다. 부드러워진다. 바디감이 가벼워진다. 과유불급, 지나치면 맹하게 될 수 있다. 맛을 보며 변화를 체험하자. 필요에 따라 조절하자.

555.5.5. 설익은 원두. 언더 디벨롭

[판정]

1. 떫은. 매콤한. 쓴. 아린. 뻑뻑한.
2. 잘 추출한 커피임에도 표면에 기름띠가 생김.
3. 조미료 맛. MSG. 감자탕. 짜장. 소고깃국. 카레. 피자. 스프. 치즈김치볶음. 하이라이스. 육포. ⇒ 커핑 점수 85점 이상의 고급 생두에서 주로 나타남. 게이샤, CoE에 흔함.
4. 원두가 한 달 후에 그럭저럭 살아남.
5. 드립 시 드리퍼의 물 빠짐이 점차 빨라진다는 느낌.
6. 단맛 부족.
7. 유기반응(Enzymatic)류 중 한두 컵노트가 발현됨.
8. 원두에 무게감이 느껴짐. 밀도가 높음.
9. 원두끼리 부딪치면 둔탁한 소리가 남.

[사용]

1. 3주 이상 밀봉 보관 후 추출.
2. 수온 낮게. 추출량 적게. 교반 최소.
3. 우유, 설탕 등과 함께 음용.

2019.12.19. 점괘를 뽑다

[상차림]

'우유 230g+설탕 한 술+말차 한 술+홍삼 가루 반 술+후춧가루 토핑'을 차려놓고 오늘의 점괘를 빌었다.

[돌돌돌돌~ 점괘 돌아가는 중]

두꺼운 〈카페노르딕〉의 컵에다 바로 스티밍을 했더니 손으로 온기가 늦게 전해졌다. 내가 먹을 거니까 손가락을 넣어 온도를 확인하기로 했다. 뜨거웠다. 스티밍을 멈췄다. 맛을 보았다.

[오늘의 점괘]

말차와 우유가 밀밀하게 붙어 있다. 콩비지 같은 질감에서 홍삼 향이 버겁게 올라온다. 가만히 보고 있던 후추가 튀어나와 판을 엎는다. 매운맛으로 서열을 정리한다.

후추 왈 : 나머지는 모르겠고 내가 짱이다.
우유 왈 : 난 나임.
말차 왈 : 우유랑 편먹을 거임.
홍삼 향 : 내가 올 데가 아닌 것 같은데....
설탕 : 여기는 어디인가? 나는 누구인가?

우유를 많이 넣은 것 같다. 너무 높은 온도까지 스티밍한 것도 흠이지 싶다.

[한 줄 풀이]

오늘이 나쁘지는 않을 건데 조심하지 않으면 낭비가 있겠다.

아님 말고.

555.5.5. 수율, 농도, 밸런스 판정. 내 커피 판정. 땅! 땅! 땅!

　다양한 유형의 커피 맛 재현을 목적으로 실험을 설계해 보자. 어떻게 해야 다음과 같은 커피를 커핑 볼에서 만들 수 있을까? 휴지기 초반 근처의 원두, 180ml 커핑 볼을 사용하였다. 커피를 만들었으면 변화가 없을 때까지 충분히 맛을 보았다. 맛을 보기 전에는 방해가 될 것 같은 부유물을 늘 걷어 내었다.

　1. 밸런스가 좋은 과다 추출 커피.
　2. 밸런스가 좋은 과소 추출 커피.
　3. 밸런스가 나쁜 과다 추출 커피.
　4. 밸런스가 나쁜 과소 추출 커피.
　5. 과다 추출과 과소 추출이 함께 있는 커피.
　6. 채널링(편 추출)이 생긴 커피.
　7. 필터의 결점이 있는 커피.

　각자의 답을 만들고 넘어가자. 본인의 의견을 먼저 정리하고 난 다음에 보아야 한다. '답'이라는 단어가 부담스럽다면 가벼운 마음으로 생각나는 만큼을 메모해 두자. 옳고 그름은 신경 쓰지 말고, 정말로 간단해도 좋으니 주관을 세운 다음에 서로의 답을 비교하기로 하자. 어쨌든 주관이 있어야만 밸런스 등 각 단어의 의미가 분명하게 다가온다.

　아래는 내가 생각하는 답이다.

1. 커핑 볼에 5g의 가루를 넣는다. 물을 부은 후 4분이 지나면 브레이킹을 한다. (아마 4분이 되기 전에 가루가 가라앉을 텐데 개

의치 말고 진행하자.) 10분이 되면 맛을 본다. 11분에 전체를 부드럽게 1회 젓는다. 1분마다 반복한다. 10분에 맛보기, 11분에 젓기, 12분에 맛보기, 13분에 젓기, 반복.

커핑 볼 사용이 낯설거나 실험 자체를 귀찮아하는 사람에게 마중물이 될까 하여 답 하나를 적어보았다. 숫자의 차이는 무시하고 다른 커피가 다른 맛이 나게끔 만들 궁리를 하자.

모르면 알면 되는데 모르는 줄 먼저 알아야 알게 된다. 커피는 결코 쉽게 알아지지 않는다. 드립은 어렵다. 다양한 배경지식이 있어야 하고 원두 따라 마음 따라 그날따라 미묘하게 달라지는 변수에 계속 맞춰가야 한다. 그런데 어떻게 말 한마디 듣고 하루 아침에 알겠는가? 수율 등을 혀로 감지할 노력이 없으면 어떤 방법을 따라 해도 동전을 던져 앞뒤를 맞추는 확률로 커피가 나온다. 잘하는 사람은 잘할 것이고 못하는 사람은 못할 것이다.

제시한 일곱 가지 커피를 만들 방안을 궁리했고 적었는가? 그렇다면 이제 비교해 보자. 결코 내가 맞다는 게 아니다. 자신의 생각과 비교를 하자. 같고 다른 설계들 중에 어떤 것이 목적에 맞는지를 꼭 경험으로써 가려내길 빈다. 나의 답으로 눈길이 바로 가지 않도록 횡설수설로 간격을 만드는 저의 고충과 바람을 헤아려주시기를 간곡히 부탁드립니다. 준비되었으면!

2. 커핑 볼에 20g의 가루를 넣고 물을 부은 후 2분에 전체를 젓는다. 4분에 부드럽게 1회 저은 후 뜬 것을 모두 걷어낸다.

3. 커핑 볼에 2g의 가루를 넣는다. 물을 90% 붓고 전체를 한 번

젓는다. 2분 후 2g을 넣고 전체를 한 번 젓는다. 2분마다 2g을 넣고 젓기를 반복한다. 10분이면 12g이 채워진다. 15분에 마지막으로 전체를 한 번 더 젓는다.

4. 커핑 볼에 3g의 가루를 넣고 물을 90% 붓는다. 2분이 지나면 스푼으로 커피의 표면을 흔들어서 가루가 가라앉게 한 뒤 바로 3g을 더 넣는다. 2분이 지나면 표면을 흔들고 다시 3g을 넣는다. 한 번 더 반복한다. 6분 후 총 12g의 원두가 들어갔다. 8분이 되면 마지막으로 표면을 흔들어 가루가 가라앉게 한다.

5. 커핑 볼에 가루 5g을 넣고 물을 붓는다. 4분이 지나면 8분까지 수시로 젓는다. 여기에 5g을 추가하고 저은 후 기다린다. 12분이 되면 전체를 부드럽게 한 번 젓는다.

5-1. 데운 커핑 볼에 1과 2를 커피만 옮겨 섞는다.

6. 커핑 볼에 가루 3g을 넣고 물을 부은 후 8분까지 계속 젓는다. 8g을 추가해 살짝 젓고 그대로 두었다가 15분에 전체를 부드럽게 한 번 젓는다.

7. 정상적으로 커핑을 3개 진행한다. 더하여 4번 커핑 볼에 필터만 1장 넣고 물을 붓는다. 4분이 지나면 컵 전체를 저어준다. 10분이 되면 4번 커핑 볼의 물을 한 스푼씩 1, 2, 3번 커핑 볼에 넣는다. 각각 맛을 본다. 15분이 되면 4번 커핑 볼의 물을 2, 3번 커핑 볼에 두 스푼씩 넣는다. 세 컵의 맛을 본다. 20분이 되면 4번 커핑 볼의 물 두 스푼을 3번 커핑 볼에 넣는다. 세 컵의 맛을 본다.

7.확장판) 7에서 21분이 되면 세 컵의 커피 각각을 깨끗한 컵에 조신히 따르고 연하게 희석한다.

7-1. 7과 같이 진행한다. 단, 3분이 지나면 4번 커핑 볼만 물을 버리고 처음처럼 깨끗한 물을 채운다. 이후로는 7과 같이 한다. 확장판까지 해본다. (3분, 6분 두 번 버리는 것도 실험하자.)

('7 실험군'커피들을 통해 필터 린싱을 하더라도 노하우가 필요함을 체감할 수 있다.)

* 이실직고 *
  위에서 제시한 문제와 답은 (머릿속에서) 직접 검증한 내용으로 만들었다. (일곱 가지 커피를 뚝딱 만들어 낼 자신이 있다.)

* 팁 *
- tds가 높은 물은 과다 추출 커피를 만들기에 좋다. tds가 낮은 물은 반대로 과소 추출의 특징을 알기 좋다.
- 사실 물의 tds는 원두의 배전도와 별개로, 과다나 과소와도 별개로 커피의 바디감에 그대로 이어진다.
- 채널링을 적나라하게 맛보기 위해서는 처음 넣은 3g을 젓기만 할 게 아니라 으깨듯 자극하는 것이 좋다. (으깬다는 단어만 생각해도 으~~~~ 채널링의 맛이 느껴져 인상이 찌푸려진다.)

(일곱 부류에 해당하는 맛을 특히 2013년에 집중해서 만들었지. 지금도 이따금... 벗어나고 싶다, 이 가혹한 맛에서. 아무렴. 흑흑....)
하권!!!! 이어집니다!!! 따뜻한 바람 부는 날에 우리 다시 만나요!
不是一番寒徹骨(불시일번한철골) 爭得梅花撲鼻香(쟁득매화박비향)

2020.10.30. 책 내기 힘들었어요

자비 출판을 의뢰했음에도 여러 출판사에서 난색을 표했습니다. '남이 쓴 것도 아닌데 내가 못 알아보겠으니 말 다 했다.'(p12) 이거 실화입니다. '개인 일기는 일기장에' 써야 하는데 책으로 내겠다니 얼마나 황당했을까요? 여섯 번째 출판사와 계약을 맺고 이런 생각이 들었습니다. 책 제목에 '오'가 들어가니까 '5'번 퇴짜 맞았다. "오달지'니까 5를 달았지! 대박을 위한 액땜이다!!' 액땜은 모르겠지만 도움이 된 건 확실합니다. 시간을 벌었기에 글 교정을 더 했어요. 글이 얼마나 달라졌는지 저도 놀랄 정도입니다.

책 편집을 협의하는 과정도 쉽지 않았습니다. 제가 작업한 한글 파일과 디자인까지도 '같은' 일기장으로 나오길 원했으니까요. 큰일 날 뻔했습니다. ^^;; 저는 제목에 〈괄호〉를 썼는데 <u>밑줄</u>로 바꾼 것과 앞표지에 빨간 지붕 집을 넣은 것은 신의 한 수로 보입니다. 크게 저 두 가지를 꼽을 수 있고 이외에도 넘쳐납니다. 기본 중에 기본인 맞춤법 교정은 말할 것도 없습니다.

지인들의 무조건적인 응원과 하움출판사의 도움, 전화위복 삼을 수 있었던 여러 인연들이 있었기에 '일기'가 '책'이 되었습니다.

눈 위에서의 발장난이 책의 일부가 될지 몰랐습니다. 빈 공간으로 하더라도 세 쪽을 더 넣어야 한다기에 하권 분량 이후에 쓴 일기 중에 뽑았습니다. 저의 이야기가 여러분의 삶에서 '떠올리면 기분 좋아지는' 우연이길 희망합니다.

 2020.5.20. 큰그림

(신심명)
多言多慮 轉不相應 絶言絶慮 無處不通
다언다려 전불상응 절언절려 무처불통

(해석)
말이 많고 생각이 많으면 점점 더 상응치 못함이요
말을 끊고 생각을 끊으면 통하지 않을 곳 없느니라

그대가 생각이 나도 말을 붙이지 않은 건
그대의 시간을 아끼는 까닭입니다.

밀려오는 그대 그리움에 이대로 버티는 건
그댈 못난 사람 만나게 함이 더 참기 어려워서입니다.

그대와 미소와
가깝고 싶습니다.

<u>2020.2.25. 덕분에 괜찮아요</u>

차를 먹는 사마귀 빛도 먹지요
배고픔에 울어도 편식하지요

국화야 싹터라 어서어서 싹터라
눈물 온기 머금고 자리에서 솟아라

무건 걸음 어찌 왔나 어서 오게나
자네 덕에 피운 꽃을 한번 보게나

재촉해도 쉬어 가야 앉았어도 돌아가야
때가 돼야 가는 것을 채찍질은 하지 마오

앞으로나 뒤로나 다름없지요
달라지는 따름을 알고 가지요

철퍼덕 넘어져 꿈이 깨져도
그대의 염려에 다시 붙지요

오달지드립

저 자 원행스님

1판 1쇄 발행 2020년 11월 11일

저작권자 원행스님

발 행 처 하움출판사
발 행 인 문현광
편 집 이정노
주 소 전라북도 군산시 축동안3길 20, 2층 하움출판사
I S B N 979-11-6440-555-8

홈페이지 http://haum.kr/
이 메 일 haum1000@naver.com

좋은 책을 만들겠습니다.
하움출판사는 독자 여러분의 의견에 항상 귀 기울이고 있습니다.

이 도서의 국립중앙도서관 출판예정도서목록(CIP)은 서지정보유통지원시스템 홈페이지(http://seoji.nl.go.kr)와
국가자료종합목록 구축시스템(http://kolis-net.nl.go.kr)에서 이용하실 수 있습니다.
(CIP제어번호 : CIP2020046424)